Copilot
for
Microsoft 365
超活用
ブック

[著] 村松 茂

秀和システム

本書の使い方

- 本書では、初めてCopilot for Microsoft 365を始める方や、これまでCopilot for Microsoft 365を利用してきた方を対象に、Copilot for Microsoft 365の基本的な操作方法から、仕事などに役立つ本格的な操作方法とノウハウを理解しやすいように図解しています。
- Copilot for Microsoft 365で、重要な機能はもれなく解説し、本書さえあればCopilot for Microsoft 365が使いこなせるようになります。また、Copilot for Microsoft 365に関する疑問やためになる周辺情報などは、コラムでわかりやすく解説しています。

紙面の構成

タイトルと概要説明
このセクションで図解している内容をタイトルにして、ひと目で操作のイメージが理解できます。また、解説の概要もわかりやすくコンパクトにして掲載しています。

大きい図版で見やすい
操作を進めていく上で迷わないように、できる限り大きな図版を掲載しています。細かな部分については、見やすいように図版を拡大しています。

本書で学ぶための3ステップ

ステップ1 ▶ Copilot for Microsoft 365の基礎知識がしっかりわかる
本書は、最新のCopilot for Microsoft 365について、基礎から理解できるようになっています

ステップ2 ▶ Copilot for Microsoft 365を活用するための実務に沿って解説している
本書は、実際にCopilot for Microsoft 365を活用するための実際の流れに沿って丁寧に図解しています

ステップ3 ▶ ビジネスで使いこなすための様々なスキルが身に付く
本書は、Copilot for Microsoft 365で使いこなすために必要な基本的ノウハウやテクニックなどをまるごと解説し、また、豊富なコラムが、スキルアップに役立ちます

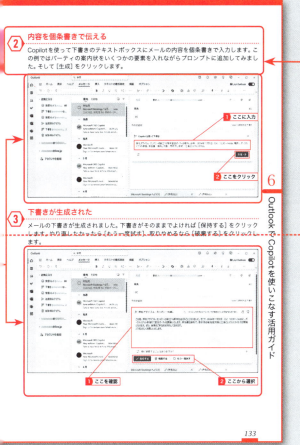

丁寧な手順解説
図版だけの手順操作の説明ではわかりにくいため、図版の上部に、丁寧な解説テキストを掲載し、図版とテキストが連動することで、より理解が深まるようになっています。

正しいプロンプトを掲載
Copilotを操作する上で、一番重要なのは、いかに正確にこちらの要求を伝えて希望の結果を得られるかということで、プロンプトが非常に大事になっています。

3

はじめに

　これまでコンピューターやネットワークなどの書籍を30冊以上書いてきました。しかし本書の執筆は困難を極めました。その最も大きな理由は、動作の再現性のないことに尽きます。

　コンピューターのアプリケーションは同じ手順で操作すれば、だれが操作しても同じ結果を得られるのが大前提です。本書のような解説書は基本的にその前提の上に成り立っていて、手にした読者は同じ操作で同じ結果を追体験できました。

　アプリが更新されれば、手順が変わるのは珍しくありません。そしてアプリのサブスクリプション化が進む中、その更新頻度も激しくなり、それについていくのも大変です。「新しい手順を覚えるくらいなら、古いバージョンをそのまま使いたい」という声もよく聞きます。

　Copilotのような生成AIは従来のアプリとは全く次元が異なり、操作の結果が異なる原因もアプリの更新という理由だけにとどまりません。つまり簡単にいってしまえば、本書で示した手順で操作しても、同じ結果になる保証はないのです。

　これは伝える側からすると、かなりの難物です。逆の見方をすれば、同じ手順・同じ結果にならない言い訳にもなります。それをいいことにメーカー側のプロモーションビデオに沿った解説がWebには氾濫しています。実際に使ってみれば、必ずしもそうならない場合が多いことに驚かされます。

Copilotは発展途上にあり、先行リリースから1年以上はWebアプリのみしか使えない状況が続きました。そしてようやくデスクトップアプリで使えるようになってのですが、動作は製品版とは思えないくらい不安定です。

　本書はその中で検証し記事化しているので、本書の内容は実際の動作とは少しずつ乖離してくるかもしれません。それでも本書が少しだけ前を歩いている者が残した手掛かりになればと願わずにはいられません。

2024年8月
村松 茂

CONTENTS

本書の使い方 ································ 2
はじめに ································ 4
注意 ································ 14

CHAPTER 1

Copilot for Microsoft 365とは ······· 15

1-1 これまでのMicrosoft 365アプリとの違い ··········· 16
外観の違いは右端の[Copilot]ボタンの有無
アプリの機能を引き出すCopilot
LLMを利用して下書きを生成

1-2 Copilot for Microsoft 365と Microsoft 365アプリの関係 ··········· 18
CopilotとMicrosoft 365アプリとの様々な連携

1-3 CopilotとChatGPTの関係 ··········· 20
ChatGPTは大規模言語モデルがベース
膨大なLLMデータと独自のMicrosoft Graphデータの組み合わせ

1-4 Copilot for Microsoft 365でできること ··········· 22
Microsoft 365アプリの機能を呼び出す
新たなドキュメントの下書きを生成する

1-5 Copilot for Microsoft 365を ビジネスで使いこなすメリット ··········· 24
ビジネスに白紙回答は許されない
それっぽいものに時間をかけない

1-6 Microsoft 365アプリ同士の連携 ··········· 26
Copilot in WordでPowerPointプレゼンから下書きを生成
Copilot in PowerPointでWord文書を取り込む
Teamsチャット画面でドキュメントを要約

1-7 Copilot for Microsoft 365とCopilot Proの料金比較 ·· 29
個人向けCopilot ProはMicrosoft 365ライセンス不要だが……
法人向けCopilot for Microsoft 365にはMicrosoft 365ライセンスが必要
自分用PCのMicrosoft 365ランセンスに注目
Copilot for Microsoft 365とCopilot Proの料金比較

6

CHAPTER 2

Copilot for Microsoft 365 を さっそく使ってみる ━━━━ 31

2-1 Copilot for Microsoft 365 が使えるようになるわけ・32
ライセンスの割り当てだけで有効化

2-2 Copilot for Microsoft 365 を立ち上げる ━━━━ 34
基本は [Copilot] ボタンからスタート
Copilot が有効になるライセンス

2-3 Copilot for Microsoft 365 の画面説明 ━━━━ 36
アプリで異なる Copilot ウィンドウ
操作のヒント
プロンプト例
プロンプト入力用テキストボックス

2-4 Copilot for Microsoft 365 と使う前の準備情報 ━━ 38
法人アカウントに両サブスクリプションが必要
同一ユーザーアカウントに両ライセンスの割り当てが必要
サインインアカウントには注意
インターネット接続環境が条件

2-5 プロンプト（指示）の基礎知識 ━━━━ 41
プロンプト例を優先的に見よう
操作のヒントは参考になる
テキストボックスではファイル参照も可能

CHAPTER 3

Excelで Copilotを使いこなす活用ガイド ━━━━ 43

3-1 Excelの自動化はこうやる ━━━━ 44
操作のヒント、プロンプト例を最大限に生かす
操作結果を確認して反映する

3-2 Copilot in Excelならではの下準備①〜自動保存〜 ━ 46
OneDriveへの自動保存を有効にする
自動保存する場所を選択する

3-3 Copilot in Excelならではの下準備②〜テーブルへの変換〜 48
表を作成しテーブルに変換する
テーブルの例を試してみよう

3-4 Copilot in Excelのプロンプトの基本 ━━━━ 50

テーブルに対するプロンプトを繰り返す

3-5 Copilot in Excelで扱えるようデータを変換する ……… **52**
表のセル範囲をテーブルに変換する①
表のセル範囲をテーブルに変換する②

3-6 データ分析に必要な数式列を提案させる ……… **54**
テーブルに新たな数式列を加える

3-7 テーブルに集計行を作成させる ……… **56**
テーブルに集計行を追加する

3-8 テーブルのデータを並び替える ……… **58**
並び替えはデータ分析の基本

3-9 必要なデータ行だけに絞り込ませる ……… **60**
条件を絞り込む
データ行を絞り込む

3-10 ポイントとなるデータを強調させる ……… **62**
意外と難しいプロンプトの書き方
強調する列見出しを指定する

3-11 ピボットテーブル／グラフを提案させる ……… **64**
二つの列見出しに着目する
ピボットテーブル／グラフを表示する

CHAPTER 4

Wordで Copilotを使いこなす活用ガイド ……… 67

4-1 Wordの自動化はこうやる ……… **68**
Copilot in Wordは下書きが勝負
既存のファイルから下書きを作る
既存の文書には要約機能が強力

4-2 Copilot in Wordのプロンプトの基本 ……… **70**
LLMの恩恵を受ける
自然言語が使える利点
単純明快なプロンプトにする

4-3 WordでCopilotが使えるようにデータを変更する① ……… **72**
ファイルがWordで開けるか試してみる

4-4 WordでCopilotが使えるようにデータを変更する② ……… **74**
Wordで読み込めないファイルのテキストデータをコピーする

Edgeでテキストデータをコピーする
テキストに見える画像にはOCR機能

4-5 新規文書の下書きを作成させる ⋯⋯⋯⋯⋯ 76
文書書き出しのハードルが下がる
キーワードだけで下書きが生成できる

4-6 文書を要約させる ⋯⋯⋯⋯⋯ 78
文書の要点を引き出す
ドキュメントを要約する

4-7 アウトラインを基に下書きを作成させる ⋯⋯⋯⋯⋯ 80
アウトラインから下書きを作成する
プロンプトにアウトラインを追加する

4-8 複数の文書をまとめて下書きを作成させる ⋯⋯⋯⋯⋯ 82
OneDriveフォルダーを参照
ファイルを参照する

4-9 文書を指定した文字数以内に調整させる ⋯⋯⋯⋯⋯ 84
文字数を指定した要約は難しい?
文字数を指定して要約する

4-10 表を要約して個条書きにさせる ⋯⋯⋯⋯⋯ 86
表を個条書きにする
表を個条書きに変換する

4-11 個条書きを表に変換させる ⋯⋯⋯⋯⋯ 88
個条書きを表にまとめる
個条書きを表に変換する

4-12 あいさつ文など特定の用途の文書を作成させる ⋯⋯⋯⋯⋯ 90
要素だけを伝えればOK
必要な要素を加えて文書を作成する

4-13 文書に記載されている内容について調べてもらう ⋯⋯⋯⋯⋯ 92
言葉の意味を質問する
文中の言葉の意味を調べる

4-14 文書中の専門用語を調べさせる ⋯⋯⋯⋯⋯ 94
専門用語を抽出してもらう
専門用語を指摘させる

4-15 新規文書の下書きを微調整させる ⋯⋯⋯⋯⋯ 96
下書きを保持する前に文書の味付けを変える
下書きを保持する前に微修正する

4-16 文書の中に図版などが必要かどうかを質問してみる ────**98**
必要な図版を提案させてみる
ドキュメントに必要な図版を提案させる

4-17 稟議書などのビジネス文書を作成させる ────**100**
ビジネス文書のテンプレートにも強い
テンプレート＋αを作る

CHAPTER 5
PowerPointで
Copilotを使いこなす活用ガイド ────**103**

5-1 PowerPointの自動化はこうやる ────**104**
新規作成の自動化がカギ
キーワードから生成する
既存のファイルから生成する

5-2 Copilot in PowerPointのプロンプトの基本 ────**106**
プロンプト例でわかる機能
新しいプレゼンテーション作成が超簡単

5-3 Copilot in PowerPointで扱えるようにデータを変更する ──**108**
他のファイル形式はWord文書に変換
PowerPointプレゼンテーションをWord文書へ

5-4 新しいプレゼンテーションを作成させる ────**110**
キーワード一つで10ページを生成
新しいプレゼンテーションを作成する

5-5 Word文書からプレゼンテーションを作成させる ────**112**
参照できるドキュメントはWord文書のみ
Word文書を参照して新規作成する

5-6 プレゼンテーションを整理する ────**114**
プレゼンテーションを再構成する
整理とは再構成

5-7 プレゼンテーションに画像を追加させる ────**116**
自動的にイメージ画像が挿入される
プレゼンテーションに画像を追加する
画像挿入が実行できない場合も

5-8 プレゼンテーションの目次を追加させる ────**118**
目次のスライドを追加する
目次を追加させる

10

5-9 プレゼンテーションを要約させる 120
プレゼンテーションをさらにシンプルにする
プレゼンテーションを要約する

5-10 プレゼンテーションの内容について確認する 122
内容に対する質問に備える
質問形式のプロンプト例を試してみる

CHAPTER 6

Outlookで Copilotを使いこなす活用ガイド 125

6-1 Outlookの自動化はこうやる 126
ライセンスアカウントのメールのみ有効
新規メールの下書きを作成
便利なスレッドの要約機能

6-2 Copilot in Outlookのプロンプトの基本 128
メールスレッド全体を要約する
メールの下書き
メールのコーチング

6-3 Copilot in Outlookならではの下準備 130
プライマリアカウントを見直す

6-4 メールの下書きを作成させる 132
下書きがすぐにでき上がる

6-5 メールの下書きを微調整させる 134
慣れない文面のトーン調整はありがたい

6-6 受信したメールを要約させる 136
Outlookにも要約機能を追加

6-7 ／キーを活用する 138
ファイル参照に使用できるキー
本文の冒頭で／キーを押す
添付ファイルを選択する

CHAPTER 7

Teamsで Copilotを使いこなす活用ガイド 141

7-1 Teamsの自動化はこうやる 142
CopilotのゲートウェイとなるTeamsチャット画面

11

職場のCopilotをTeamsで開く
Teams会議画面

7-2 Copilot in Teamsのプロンプトの基本 ──── **144**
CopilotのゲートウェイとなるCopilot in Teams
Copilot in Teamsで会議を始める準備をする

7-3 メールで注目すべきものを調べさせる ──── **146**
過去のタスクを追跡する
メールで注目すべきものを探す

7-4 カレンダーの予定を調べさせる ──── **148**
カレンダー情報を取得する
次回の会議を調べさせる

7-5 会議を要約させる ──── **150**
単なる要約ではない会議のまとめ
[要約の表示]ですべて解決

7-6 会議の議事録を定型で作成させる ──── **154**
コピペより簡素化したい
定型出力を試みる

7-7 特定の参加者のコメントを抽出させる ──── **156**
会議の要約を利用する
話者から発言を確認する
文字起こしから絞り込める
話者の発言個所を頭出しする

7-8 途中参加するときにこれまでの会議を要約させる ──── **158**
途中参加した会議の内容を要約する
これまでの会議を要約する

CHAPTER 8

OneNoteで Copilotを使いこなす活用ガイド ──── 161

8-1 OneNoteの自動化はこうやる ──── **162**
何をプロンプトに入力すればいいのか?
操作のヒントの例文をもっと見る

8-2 Copilot in OneNoteのプロンプトの基本 ──── **164**
例文にならって自由にプロンプトを入力
[Copilot]を常に表示するには

8-3 新しいメモを作成させる ──── **166**

要求や質問をプロンプトとして入力する
旅行計画の策定を手伝ってもらう

8-4 ToDoリストを作成させる 168
目的達成にToDoリストの作成が有効
ToDoリストの作成を依頼する

8-5 選択した文書を書き換えさせる 170
編集機能の使い道
選択した文書を書き換える

CHAPTER 9

Copilot for Microsoft 365の未来はこうなる 173

9-1 Microsoft 365アプリ間の連携 174
職場のCopilot
職場のCopilotをTeamsから独立される?

9-2 WindowsやEdgeとの連携 176
Windows 11へのCopilot統合が後退
それでも生成AIは止まらない

9-3 自動化で見えてくるビジネスの進め方 178
生成物の校正・校閲の今後
さらに情報量は増えていく

9-4 ヒューマンエラーが激減する可能性 180
先読みが当たり前の時代
手書きより見つけにくい

9-5 コンピューターの使い方も変わる 182
オンラインとオフラインの行き来
Copilot + PCの登場で揺れる

プロンプト一覧 184
INDEX 188

13

■本書で使用しているパソコンについて

本書は、インターネットやメールを使うことができるパソコン・スマートフォン・タブレット
を想定し手順解説をしています。
使用している画面やプログラムの内容は、各メーカーの仕様により一部異なる場合があります。
各パソコン等の機材の固有の機能については、各機材付属の取扱説明書をご参考ください。

■本書の編集にあたり、下記のソフトウェアを使用しました

Windows 11 で操作を紹介しております。そのため、他のバージョンでは同じ操作をしても画面
イメージが異なる場合があります。また、お使いの機種（パソコン・タブレット・スマートフ
ォン）によっては、一部の機能が使えない場合があります。

■注意

(1) 本書は著者が独自に調査した結果を出版したものです。

(2) 本書は内容について万全を期して作成いたしましたが、万一、ご不備な点や誤り、記載漏
れなどお気付きの点がありましたら、出版元まで書面にてご連絡ください。

(3) 本書の内容に関して運用した結果の影響については、上記(2)項にかかわらず責任を負いか
ねます。あらかじめご了承ください。

(4) 本書の全部、または一部について、出版元から文書による許諾を得ずに複製することは禁
じられています。

(5) 本書で掲載されているサンプル画面は、手順解説することを主目的としたものです。よって、
サンプル画面の内容は、編集部で作成したものであり、全て架空のものでありフィクショ
ンです。よって、実在する団体および名称とはなんら関係がありません。

(6) 商標
Windows 11 は米国 Microsoft Corporation の米国およびその他の国における登録商標または
商標です。
その他、CPU、ソフト名、サービス名は一般に各メーカーの商標または登録商標です。
なお、本文中では ™ および ® マークは明記していません。
書籍の中では通称またはその他の名称で表記していることがあります。ご了承ください。

CHAPTER 1

Copilot for Microsoft 365 とは

Micorsoft 365

SECTION
1-1

これまでのMicrosoft 365 アプリとの違い

Microsoft 365（Office）アプリとCopilot for Microsoft 365が組み込まれたMicrosoft 365アプリは何が違うのでしょう？　主役はあくまで操縦士であるユーザーであり、Copilotつまり副操縦士はユーザーを支援します。

外観の違いは右端の［Copilot］ボタンの有無

　上の画面は従来のExcel for Microsoft 365（以下、単にExcelと表記）。そして下の画面はCopilot for Microsoft 365が組み込まれたExcelです。違いがわかりますか？　よく見ると、後者は［ホーム］タブの右端に［Copilot］というコマンドボタンが追加されています。そして［Copilot］ボタンをクリックすると、アプリ画面右側にCopilotウィンドウが表示されます。

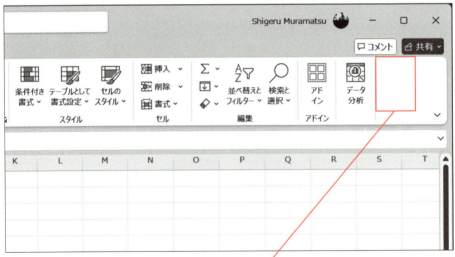

通常のExcelに［Copilot］ボタンは配置されない

Copilot for Microsoft 365が組み込まれると [Copilot] ボタンが表示される

アプリの機能を引き出すCopilot

　Copilot for Microsoft 365組み込みの有無でアプリ画面に大きな違いがないことからわかるように、アプリそのものの使い方が大きく変わるわけではありません。

　基本的にCopilot for Microsoft 365はMicrosoft 365アプリのWord、Excel、PowerPoint、Outlook、Teams、OneNoteに組み込まれます。それぞれCopilot in Word/Excel/PowerPoint……と呼ばれます。各Copilotはそのアプリの機能を呼び出したり、新しく生成物を生み出したりします。これまで使い方のわからなかった機能にも手が届くようになります。

LLMを利用して下書きを生成

　Wordでは文書、PowerPointではプレゼンテーションの下書きを作成してくれます。これは大規模言語モデル（LLM）の恩恵を最も受けられる部分です。初めの一歩ですぐに下書きが入手できるので、スタートラインが大きく違います。

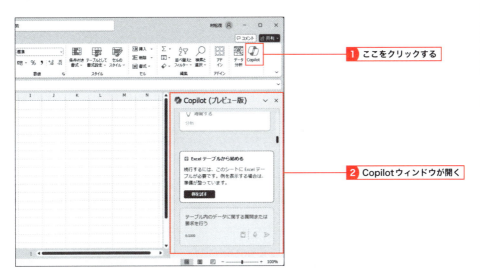

1 ここをクリックする

2 Copilotウィンドウが開く

17

Copilot for Microsoft 365と Microsoft 365アプリの関係

SECTION 1-2

Copilotには無料版と有料版があります。個人向け有料版はCopilot Pro、そして法人向け有料版はCopilot for Microsoft 365です。そしてCopilot for Microsoft 365の目玉はMicrosoft 365アプリに組み込まれたCopilotです。

CopilotとMicrosoft 365アプリとの様々な連携

　Copilot for Microsoft 365が利用できるのは、一般法人向けのMicrosoft 365 Business Standard、Microsoft 365 Business Premium、そして大企業向けのMicrosoft 365 E3、Microsoft 365 E5、Microsoft 365 F3です。プランによって含まれるアプリが異なりますが、Copilot for Microsoft 365がMicrosoft 365デスクトップアプリ利用できる最小環境のMicrosoft 365 Business Standardでは次の各アプリにCopilotが組み込まれます。

● Word

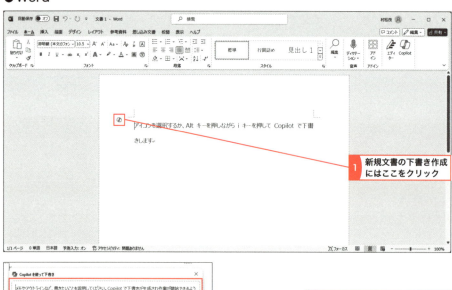

● Excel

Excelではテーブルの操作に対して質問したり要求したりする

● PowerPoint

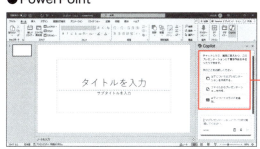

PowerPointでは既存のファイルからプレゼンテーションを生成できる

● Outlook

Outlookではメールの下書きをCopilotで生成できる

● Teams

Teamsチャット画面ではアプリ横断的に様々な機能が実現できる

Copilot for Microsoft 365とは

19

SECTION 1-3 CopilotとChatGPTの関係

CopilotとChatGPTは対話型AIシステムという点で共通しています。どちらもGPT-4という大規模言語モデルを利用しています。Copilot for Microsoft 365は加えてMicrosoft 365アプリのユーザーデータが活用されています。

ChatGPTは大規模言語モデルがベース

　ChatGPTはオープンAIが開発したGPT（Generative Pre-trained Transformer）という大規模言語モデル（LLM＝Large Language Model）を利用した対話型AIシステムです。LLMとは膨大な文字ベースのデータを使ってトレーニングされた自然言語処理のモデルです。

　2022年11月に公開されたGPT-3.5は2024年6月現在、だれでも無料で使用できます。そして2023年3月に有料版のChatGPT-4が公開されました。その後、画像の生成出力（DALL-E 3）が可能になり、音声・画像入力に対応するなど進化して、2024年5月にはChatGPT-4o（omni）がリリースされました。

　そしてCopilot有料版/無料版とChatGPT有料版はGPT-4という共通のLLMを利用しているのが共通点です。

▲Webブラウザーで見るChatGPT（左）とCopilot（右）はほぼ同じチャットボット

膨大なLLMデータと独自のMicrosoft Graphデータの組み合わせ

　マイクロソフトは投資先であるオープンAIのGPT-4のLLMを利用できるので、これにMicrosoft 365アプリのユーザーデータが蓄積されるMicrosoft Graph、Microsoft 365アプリ、インターネットと連携して、Copilotを提供します。

　ここで注目すべきは、LLMに加えてMicrosoft Graphのユーザーデータを使用できる点と、利用した時の学習結果はLLMの学習に使用されないと点です。つまり膨大なLLMを使用しつつ、独自のノウハウが含まれるMicrosoft GraphのデータがLLMには流出しないということです。

　Copilot for Microsoft 365の仕組みはマイクロソフトの公開している「Copilot for Microsoft 365アーキテクチャー」を見ればわかります。それによると以下の順でプロンプトを実行しています。

①ユーザーからCopilotにプロンプトを送信
②CopilotがMicrosoft Graph＋（オプションで）Web＋他のサービスにグラウンディングのためにアクセス
③Copilotが修正したプロンプトをLLMに送信
④CopilotがLLMの応答を受信
⑤Copilotが法令順守と権限の確認のためMicrosoft Graphにアクセス

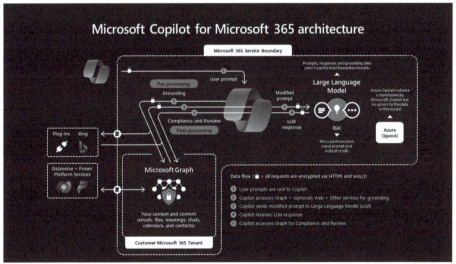

▲マイクロソフトが公開している「Copilot for Microsoft 365アーキテクチャー」

SECTION 1-4 Copilot for Microsoft 365 でできること

Copilot for Microsoft 365で可能になるのは大きく分けて2つ。一つはMicrosoft 365アプリが本来持っている機能を呼び出すこと。もう一つは生成物の創出です。これは内部・外部データを参照して生成されます。

Microsoft 365アプリの機能を呼び出す

　Word、ExcelなどMicrosoft 365アプリは多機能なので、すべての機能を使いこなせるユーザーはいません。通常は必要な機能だけ利用できれば十分です。しかしときにはいつも使っていない機能を利用したい時があります。

　これをヘルプで調べたり、Webで検索したりしているとかなり時間を要します。もちろん自分で苦労して調べたほうが身につく面もあります。しかし時間に追われているときはそんな悠長なことはいっていられません。

　アプリではメニューからいくつかのボタンをクリックしてコマンドを実行します。これを秘書に頼むようにCopilotへプロンプトを送るのです。プロンプトを直接実行してくれる場合もあれば、その方法を教えてくれる場合もあります。

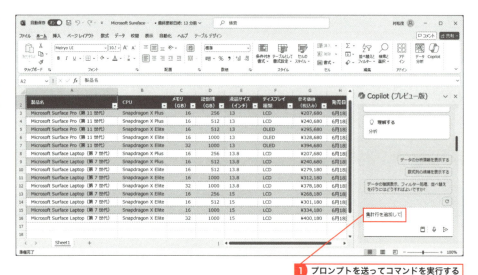

1 プロンプトを送ってコマンドを実行する

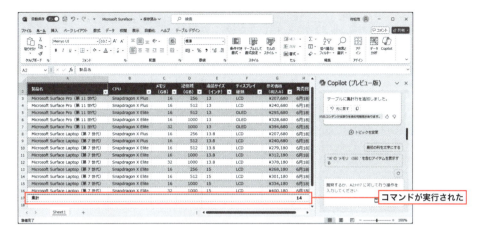

コマンドが実行された

新たなドキュメントの下書きを生成する

　Copilot in Word/PowerPointなどでは、キーワードを与えたり、いくつかのファイルを参照させたりして新たなドキュメントの下書きを生成できます。ただ主題を一言キーワードで与えるだけでも下書きを生成するのには驚かされます。しかしプロンプトに詳しく書き込んだり、既存のファイルを参照させて、下書きを作成したほうが、より要求に近いものが生成されます。

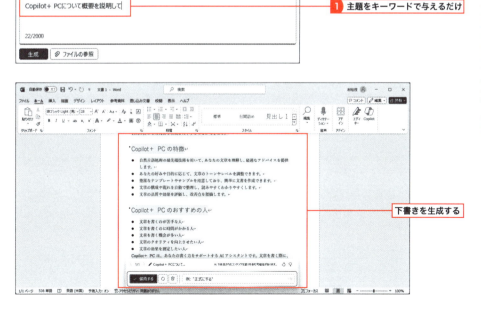

1 主題をキーワードで与えるだけ

下書きを生成する

1 Copilot for Microsoft 365とは

23

Micorsoft 365

SECTION 1-5
Copilot for Microsoft 365 をビジネスで使いこなすメリット

プロンプトを送っただけで、それらしいものを生成してくれる。これはCopilot for Microsoft 365の目を引くポイントです。アウトラインあるいはテンプレートが出来上がる。これだけでもビジネスには安心材料です。

ビジネスに白紙回答は許されない

　問題がわからず解答用紙の空欄を埋められずに苦い思いをした経験はだれでもあるでしょう。しかしビジネスで白紙回答は許されません。質のよしあしを別として、とにかくそれらしいものを生成しなければなりません。

　最初から空欄だととても不安になりますが、アウトラインあるいはテンプレートができているとかなり感じるプレッシャーは軽減されるのではないでしょうか。しかもCopilotの生成物はプロンプトを与えて生成されるので、まったく関係のないものができる心配はありません。それらしいものが出来上がってしまうのですから。

　もちろん質的な向上は必須です。そのためには求めるものをプロンプトにわかりやすく正しく伝えるのが一番です。そうすると最初の生成物の完成度が上がるからです。そこから質的向上をめざして、改良を加えていけばいいのです。Copilot for Microsoft 365はユーザーに質的向上に専念できる時間を創出してくれます。

それっぽいものに時間をかけない

　テレビドラマや映画などに、手書きのノートのような手作りの小物が出てきます。なんてことはないものです。これを何秒かの撮影のために用意する苦労を考えてみてください。劇中の新聞記事では、必要なのは1つの記事だけなのに、他の記事もそれっぽく入っています。このようなダミーをつくるのにも時間がかかります。

　どんなビジネスでも主題を見せるために時間をかけなければならないものと、それを見せるためのサンプル材料を作るのでは力の入れ方が違います。たとえばサンプルとして適当な4人家族の属性を設定するのにそんなに時間をかけたくはありせん。そのような部分をCopilotにまかせていくと、有意義な時間の使い方ができるようになると思います。

❶ キーワードを与えるだけで

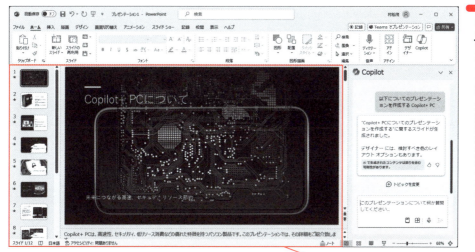

12ページのPowerPointプレゼンテーションの下書きを生成

1 Copilot for Microsoft 365とは

25

SECTION 1-6 Microsoft 365アプリ同士の連携

Copilotのアプリ間連携はまだ十分とはいえません。しかしWordとPowerPointとの連携は一部実現しています。Excelとの連携が加わればさらに使いやすくなります。

Copilot in WordでPowerPointプレゼンから下書きを生成

　Copilot in Wordでは、Word文書またはPowerPointプレゼンテーションのファイルを最大3個まで参照して、新たな文書の下書き作成できます。

1 Word文書またはPowerPointプレゼンテーションのファイルを参照

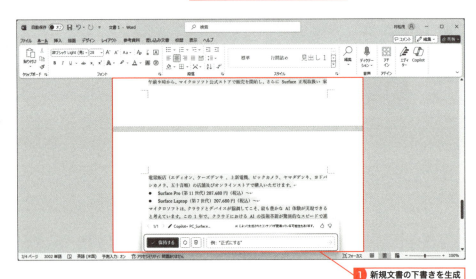

1 新規文書の下書きを生成

Copilot in PowerPointでWord文書を取り込む

　Copilot in PowerPointでは、Word文書を1個まで参照して、新たな文書の下書き作成できます。

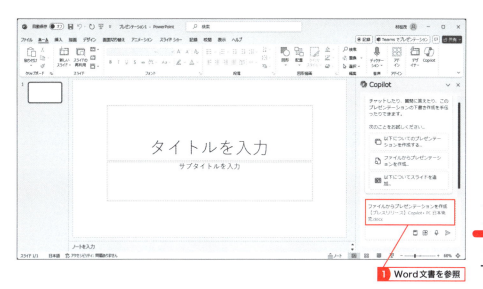

[1] Word文書を参照

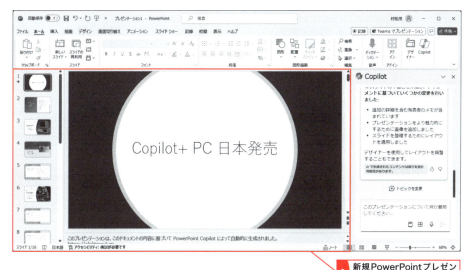

[1] 新規PowerPointプレゼンテーションの下書きを生成

Teamsチャット画面でドキュメントを要約

　Copilot in Teamsのチャット画面ではWord文書またはPowerPointプレゼンテーションのファイルの内容を要約できます。

① Word文書またはPowerPointプレゼンテーションのファイルを参照

① Word文書またはPowerPointプレゼンテーションの要約を生成

Micorsoft 365

SECTION 1-7 Copilot for Microsoft 365 とCopilot Proの料金比較

Copilotを Microsoft 365 アプリで使用するには有料版の Copilotが必要となります。個人向けの Copilot Pro、そして法人向けの Copilot for Microsoft 365 です。どちらも対応する Microsoft 365 製品が異なります。

個人向け Copilot Pro は Microsoft 365 ライセンス不要だが……

　個人向けの Copilot Pro は Microsoft 365 ライセンスがなくても購入・利用できます。しかし Microsoft 365 Personal または Microsoft 365 Family どちらかのライセンスに紐づけなければ、Microsfot 365 アプリで使用できません。Microsoft 365 アプリには無料で使用できるスマートフォン・タブレット向けのモバイル版と PC 向けの Web 版があります。

製品名：Microsoft Copilot Pro
料金（税込み）：¥3,200／月
Microsfot 365 アプリ使用に必要なライセンス：Microsoft 365 Personal または Microsoft 365 Family

法人向け Copilot for Microsoft 365 には Microsoft 365 ライセンスが必要

　法人向けの Copilot for Microsoft 365 を購入するには、Microsoft 365 Business Basic 以上のライセンスが必要です。

製品名：Copilot for Microsoft 365
料金（税別）：¥4,497／月（年払いなので実質的に¥53,964／年）
購入に必要なライセンス：一般法人＝Microsoft 365 Business Basic（注：デスクトップアプリはライセンスに含まれない）、Business Standard または Business Premium、大企業＝Microsoft 365 E3、E5、F1、F3 または Office 365 E1、E3、E5
購入対象とならないライセンス：Microsoft 365 Apps for business

自分用PCの Microsoft 365 ランセンスに注目

　個人所有のラップトップPCや自宅のデスクトップPCで個人向け Microsoft 365 アプリを使用している場合、会社のPCで利用している法人向け Copilotをそのまま使えるのでしょうか？　ここで注目すべきはインストールされている Microsoft 365 ランセンス

1

Copilot for Microsoft 365 とは

29

です。Microsoft 365 ライセンスが Copilot for Microsoft 365 に紐づけられているものであれば、そのまま使用できます。しかし Microsoft 365 Personal/Family など家庭向けライセンスであれば、Copilot for Microsoft 365 は利用できません。使用したければ Microsoft Graph が使えないなど同等とはいえませんが、Copilot Pro が必要となります。

Copilot for Microsoft 365 と Copilot Pro の料金比較

　一般法人向けの Copilot for Microsoft 365 と個人向けの Copilot Pro を料金比較するのは容易ではありません。しかしどちらも業務目的で利用できるので、個人事業主などは個人向け製品も選択肢に入ってくるでしょう。

　価格を最大限抑えたいなら Microsoft 365 Personal と Copilot Pro の組み合わせも視野に入ります。しかし含まれるアプリと Copilot をアドオンできるアプリがそれぞれ異なるので、単純な料金比較だけでなく、使用目的をよく吟味する必要がありそうです。

製品名	個人向け		一般法人向け	
	Microsoft 365 Personal	Microsoft Copilot Pro	Microsoft 365 Business Standard	Microsoft Copilot for Microsoft 365
年間価格（税込み）	¥14,900	¥38,400	¥24,737	¥59,360
合計価格（税込み）	¥53,300		¥84,097	
Word	✓	✓	✓	✓
Excel	✓	✓	✓	✓
PowerPoint	✓	✓	✓	✓
Outlook	✓	✓	✓	✓
Publisher	✓		✓	
Access	✓		✓	
Teams	✓		✓	✓
OneDrive	✓		✓	
SharePoint			✓	
Exchange			✓	
Loop			✓	✓
Clipchamp	✓		✓	
Defender	✓			
エディター	✓	✓		
OneNote		✓		✓

CHAPTER 2

[Copilot for Microsoft 365 をさっそく使ってみる]

Micorsoft 365

SECTION 2-1 Copilot for Microsoft 365 が使えるようになるわけ

これまで使用してきたMicrosoft 365アプリにCopilot機能を追加するためにユーザーはなんらかのアクションを起こす必要はありません。Microsoft 365管理者がCopilot for Microsoft 365ライセンスを割り当てるだけだからです。

ライセンスの割り当てだけで有効化

　Copilot for Microsoft 365を導入した現場のユーザーはCopilotをインストールしたり、あるいはアドオンとして追加したりする必要はありません。Copilotが利用できる状態になるのを待つだけです。

　もちろんそうなるには理由があって、Microsoft 365管理者がCopilot for Microsoft 365ライセンスをMicrosoft 365ライセンスユーザーに割り当てをすると、自動的にユーザーのMicrosoft 365アプリでCopilotが使える状態になるからです。参考のためMicrosoft 365管理者がどのようにCopilotライセンスを割り当てているのか説明します。

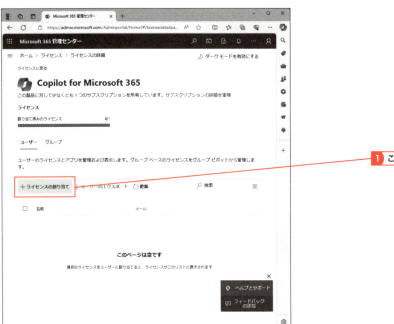

Copilot for Microsoft 365は、対応Microsoft 365ライセンスを所有する法人アカウントで購入する必要があります。ライセンスを購入すると、法人アカウントのMicrosoft 365管理者が閲覧できるWebページ「Microsoft 365管理センター」でCopilot for Microsoft 365ライセンスが割り当て可能になります。

　ただCopilot for Microsoft 365ランセンスを購入しただけでは、Microsoft 365アプリにCopilot機能が追加されません。前出の「Microsoft 365管理センター」でCopilot for Microsoft 365ライセンスをMicrosoft 365ライセンスを割り当てているユーザーに加えて割り当てることで初めて使用可能になるわけです。

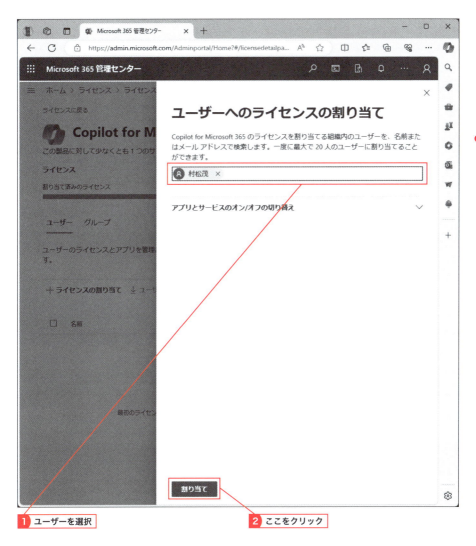

Micorsoft 365

SECTION

2-2 Copilot for Microsoft 365 を立ち上げる

Copilot for Microsoft 365が有効になったMicrosoft 365アプリの挙動は様々です。Wordのように [Copilot] ボタンが配置されるアプリもありますが、[Copilot] ボタンが見つけにくいアプリもあります。

基本は [Copilot] ボタンからスタート

　Copilot for Microsoft 365は2023年2月のリリースから長きにわたって、Microsoft 365デスクトップアプリでは使用できませんでした。使用できたのはWeb版Microsoft 365アプリ（Word for the web、Excel for the web、PowerPoint for the web、Outlook for the web）だけでした。これが2024年4月になってようやくMicrosoft 365デスクトップアプリで使用できるようになりました。

　このようにCopilot for Microsoft 365は発展途上にあり、急速に進化しています。そのためCopilotの挙動もより使いやすいように常に変化していくと思われます。

　[Copilot] ボタンはMicrosoft 365アプリのリボンの右端が定位置となります。使っている場面によってCopilotウィンドウが自動的にポップアップする可能性はありますが、定位置である [Copilot] ボタンをクリックすれば確実に呼び出せます。

Copilotが有効になるライセンス

　Copilot機能が有効になるのは、Copilotライセンスと紐づいたMicrosoft 365アカウントでサインインしている場合だけです。Word、Excel、PowerPointなどはMicrosoft 365アカウントを切り替えて使用する場面は少ないのであまり気にならないかもしれません。

　しかしOutlookでは複数のメールアカウントを同時に利用している場合が多いのではないでしょうか。この場合、Microsoft 365サインインアカウントと異なるメールアカウントではCopilot機能が無効になります。複数のメールアカウントを利用している場合、注意が必要です。

Wordはリボン右端の [Copilot] ボタンのほか、新規文書では文頭の左に [Copilot] アイコンが配置される

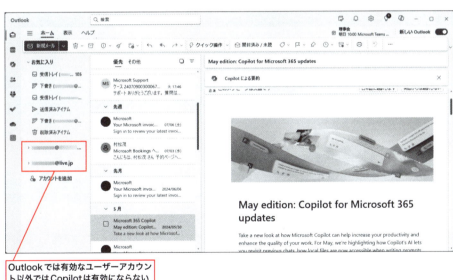

Outlookでは有効なユーザーアカウント以外ではCopilotは有効にならない

Micorsoft 365

SECTION 2-3
Copilot for Microsoft 365 の画面説明

Copilotウィンドウは基本的に3部構成となります。本誌では仮に、①操作のヒント、②プロンプト例、③プロンプト入力用テキストボックスと呼びます。この3つをうまく使い分けていきましょう。

アプリで異なるCopilotウィンドウ

　Copilot in〜として組み込まれた各Microsoft 365アプリのCopilotウィンドウはアプリによって少し異なります。またOutlookのように状況によって［Copilotで要約］や［Copilotを使って下書き］というボタンが場面によって配置されます。

操作のヒント

　Copilotウィンドウの上部に配置されるのが、「操作のヒント」です。このボタンをクリックすると、そのままプロンプトが実行される場合もあります。つまり「プロンプト例」と同じ動作になることもあります。またテキストボックスにプロンプト例が自動的に入力され、一部入力待ちになるという動作になる場合もあります。一部入力待ちになる場合は、補足するテキストを入力したり、参照すべきファイルを選択したりするなどして、プロンプトを完成させます。

プロンプト例

　Copilotウィンドウ最下部のプロンプト入力用テキストボックスの上部には「プロンプト例」が表示されます。初期状態では、よく使われるプロンプト例が配置されます。さらにプロンプトを入力して実行すると、次のプロンプトをサジェスチョンするプロンプト例に変化していきます。まだCopilotの実装が不十分なためか、たまに日本語から英語に代わってしまう場合があるようです。

プロンプト入力用テキストボックス

　Copilotウィンドウ最下部に配置されます。チャットボットと同じようにプロンプトをテキストで入力します。なおテキストボックスの先頭に「/」（半角スラッシュ）を入力すると、ファイル参照の状態になって、法人用OneDriveのファイルを参照できます。参照するファイルを組み合わせてプロンプトを実行するときに使用します。

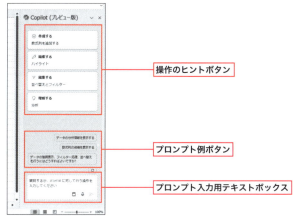

▲ ExcelのCopilotウィンドウ

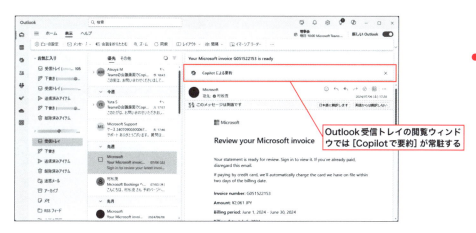

Micorsoft 365

SECTION 2-4 Copilot for Microsoft 365 を使う前の準備情報

ユーザーはCopilotをすぐに使い始められるのであまり気になりませんが、裏では法人の管理者が対象Microsoft 365とCopilot for Microsoft 365の両サブスクリプションを保持してユーザーにライセンスを割り当てて初めて利用できるのです。

法人アカウントに両サブスクリプションが必要

　Copilot for Microsoft 365を使うための前提条件は、法人アカウントが対象Microsoft 365ライセンスとCopilot for Microsoft 365ライセンスが保持していることです。

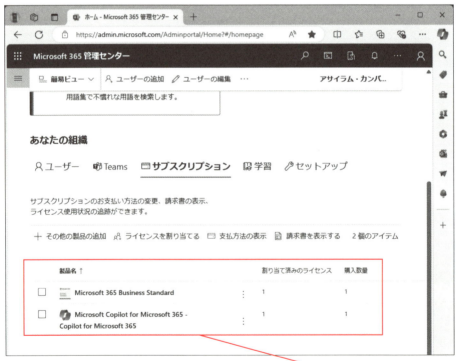

同一法人アカウントに両サブスクリプションが必要

38

同一ユーザーアカウントに両ライセンスの割り当てが必要

　そして法人の管理者がMicrosoft 365管理センターで、そのユーザーアカウントに対象Microsoft 365ライセンスとCopilot for Microsoft 365ライセンスを割り当てる必要があります。

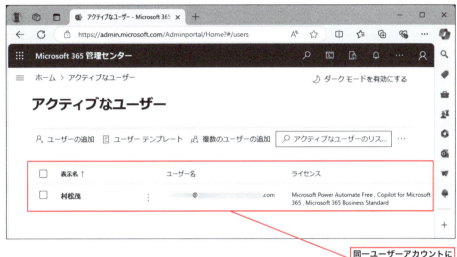

同一ユーザーアカウントにライセンスを割り当てる

サインインアカウントには注意

　対象Microsoft 365ライセンスとCopilot for Microsoft 365ライセンスを付与されたユーザーアカウントならCopilot for Microsoft 365は機能します。しかし複数アカウントに同時に対応するOutlookの場合、Copilotが有効になるのは、付与されたユーザーアカウントの操作に限られます。

　Outlook以外のWord、Excel、PowerPointなどのMicrosoft 365アプリにもサインインアカウントを切り替える機能がありますが、ライセンスが付与されたユーザーアカウント以外でサインインするとCopilot for Microsoft 365は有効になりません。

2 インターネット接続環境が条件

そして忘れがちですがインターネット接続環境は必要不可欠です。これはCopilotが利用するLLMやMicrosoft Graphがインターネット接続環境のみで使用できるからです。一時的にオフラインで使用する場合、Microsoft 365アプリは使用できますが、Copilot機能は有効になりません。

COLUMN

Copilotが有効の起点はわかりにくい

法人向けのCopilot for Microsoft 365、個人向けのCopilot Proで共通のトラブルはCopilotがいつから使えるのかわからないというものです。たぶんこれは従来のインストールという動作がないので、いつ有効になるというタイミングがわかりにくいからかもしれません。

加えて、Microsoft 365アプリで[Copilot]ボタンが有効になっているにもかかわらず、画面上の変化が地味なので、有効になっていても見逃している可能性もあります。さらにクラウド上の管理画面での設定が反映されるのに時間がかかるため、ダイナミックに有効にしたらすぐに使用可能とならないのも挙げられます。

法人の一般ユーザーだと直接、管理画面を見ないので、いつ？というタイミングがさらにわからないのではないでしょうか。おあずけを食らっているような感じになりますが、こればかりは待つしかありません。

Micorsoft 365

SECTION
2-5　プロンプト（指示）の基礎知識

SETTION 2-3ではCopilotウィンドウの画面説明をしました。ではこれをどう使いこなしていきましょう。①操作のヒント、②プロンプト例、③プロンプト入力用テキストボックス——は次のような優先順位で見るといいでしょう。

プロンプト例を優先的に見よう

　進化中のCopilotなのでCopilotウィンドウに配置されるボタンの名称や分類、形状はこれから変わるかもしれません。本誌では、①操作のヒント、②プロンプト例、③プロンプト入力用テキストボックス——と呼んでいます。

　最優先で見るのは、プロンプト例です。これはその場面に応じたプロンプト例が表示されるので、適切なプロンプト例が表示されることが多いからです。これはボタンをクリックすると、すぐに送信されて、実行されます。

操作のヒントは参考になる

　次に着目するのが操作のヒントです。こちらはプロンプト例のようにクリックしただけであっさり実行される場合もあります。またクリックするとテキストボックスに未完のプロンプトが入力され、これにテキストを追加したり、参照ファイルを追加したりしてプロンプトを完成させる場合もあります。動作がまちまちなので多少わかりにくい面もありますが、Copilotに慣れていないユーザーは使い心地を確かめるために積極的に使ってみましょう。使い慣れてくると不要になるかもしれません。

テキストボックスではファイル参照も可能

　ここにはチャットボットのように実行してほしい内容、あるいは質問などをプロンプトとして自由に書き込みます。なおテキストボックスの先頭に「/」（半角スラッシュ）を入力すると、法人用OneDriveのファイルを参照できます。

　テキストボックスへの入力は簡単な文書や項目の羅列などでCopilotは理解してくれるのでそれほど難しくありません。しかし慣れないユーザーは、操作のヒントをクリックして自動的に入力されたプロンプトの内容をよく観察することをおすすめします。

2

Copilot for Microsoft 365をさっそく使ってみる

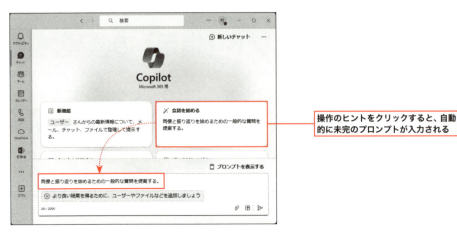

操作のヒントをクリックすると、自動的に未完のプロンプトが入力される

ユーザーやファイル参照するウィンドウが開く

ファイルが添付される

CHAPTER 3

ExcelでCopilotを使いこなす活用ガイド

SECTION 3-1 Excelの自動化はこうやる

ExcelでCopilotを利用するには、いくつかの前提条件をクリアしなければなりません。しかしここではCopilot in Excelが利用できる状態になっていると仮定して、その概要を説明していきます。

操作のヒント、プロンプト例を最大限に生かす

　［Copilot］ボタンをクリックすると、Copilotウィンドウが開きます。上部には操作のヒントボタンが表示され、次によく使われるプロンプト例ボタンが並んで、下部には質問や操作をプロンプト（指示）として入力するためのテキストボックスが配置されます。

　このうちヒントボタンをクリックすると、直接プロンプトが実行されたり、プロンプト例ボタンが置き換わったり、テキストボックスにヒントが表示されたり、自動的にプロンプトの文例が入力されます。

　プロンプト例ボタンをクリックすると、そのままプロンプトが実行されます。ここには基本的には有効なプロンプトが優先的に配置されますが、ヒントボタンを押すとプロンプト例ボタン置き換わる場合があります。

　プロンプト入力用テキストボックスはヒントボタンのクリックで、自動入力されたプロンプトの文例を加筆・編集したり、新たにプロンプトを入力したりして使用します。操作に慣れてくると、ここに直接プロンプトを入力するだけですむようになるかもしれません。

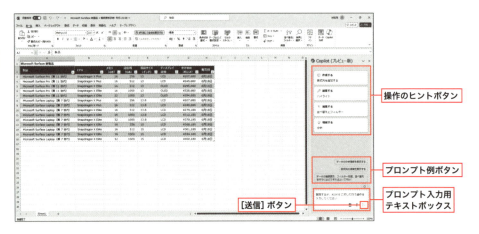

操作結果を確認して反映する

　プロンプトを伝えると、Copilotウィンドウに最初の候補のプレビューが追加されます。そして次の候補、その次の候補……と続けてプレビューを追加できます。しかし複数の候補を次々にプレビューするのが面倒であれば、結果をひとまずすべて受け入れて、後で必要に応じて取捨選択する方法もあります。

　なおプロンプトを実行しても、[元に戻す]ボタンで操作前の状態に戻せるので、躊躇せずに結果を受け入れてみることをおすすめします。

1 ここからクリック

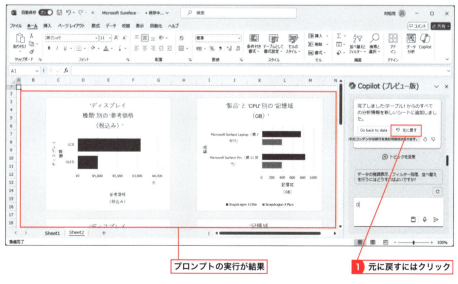

プロンプトの実行が結果　　　1 元に戻すにはクリック

Excel

SECTION 3-2
Copilot in Excelならではの下準備①〜自動保存〜

ExcelでCopilotを使うためには、他のMicrosoft 365アプリと異なり下準備が必要です。他のMicrosoft 365アプリが新規作成からCopilotを利用できるのに対して、ExcelでCopilotを利用するためにまずは自動保存を有効にする必要があるからです。

OneDriveへの自動保存を有効にする

　Copilot in Word／PowerPoint／Outlookなど他のMicrosoft 365アプリでは新規作成の場合でも、自動保存のオン／オフにかかわらず、Copilotウィンドウがプロンプトを受け入れる状態になります。

　Copilot in Excelで空白のブックを開くと、[Copilot] ボタンが配置され、これをクリックするとCopilotウィンドウが開きます。ここまでは全く同じです。しかし質問や操作を書き込むテキストボックスが表示されず、プロンプトを受け入れる状態にはなりません。

　Copilotウィンドウに「自動保存がオフになっています」と表示されます。つまりCopilotウィンドウは自動保存を有効にしないとプロンプトを受け入れる状態になりません。

　自動保存を有効にすると、Copilotウィンドウはテキストボックスが表示されて、プロンプトを受け入れる状態になります。この状態でテキストボックスは質問を受け付けられるようになりますが、操作指示をプロンプトで入力することはできません。

自動保存する場所を選択する

　自動保存を有効にするためには、保存する場所を選択する必要があります。ここで選択できるのは、法人用OneDriveまたは個人用OneDriveです。自動保存先としてローカルディスクは選択できません。

3

Excelで Copilotを使いこなす活用ガイド

46

① 自動保存を有効にする

Copilotウィンドウに表示される [自動保存を有効にする] をクリックします。

1 ここをクリック

② 保存場所を選択する

選択肢として法人用OneDriveと個人用OneDriveが表示されるので、どちらかをクリックして選択します。ここでは法人用OneDriveをおすすめします。

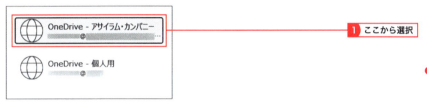

1 ここから選択

③ ファイル名を入力する

ファイル名を入力して、[OK] をクリックします。

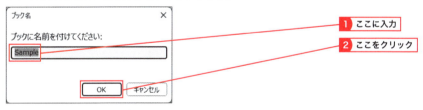

1 ここに入力
2 ここをクリック

④ 自動保存が有効になる

自動保存がオン（有効）になり、プロンプトを受け入れる状態になりました。

1 ここを確認
2 ここを確認

SECTION 3-3 Copilot in Excelならではの下準備②〜テーブルへの変換〜

OneDriveへの自動保存を有効にすると、とりあえずCopilotウィンドウはプロンプトを受け入れる状態になります。しかし実質的にできるのは質問のみで操作指示はできません。これはプロンプトの対象となるテーブルが用意されていないためです。

表を作成しテーブルに変換する

　Copilot in Excelを使用できるようにする次の下準備はテーブルの用意です。テーブルとは「表と宣言したセル範囲」と考えていいでしょう。
　セルの行列にデータを入力して外観が表の形になっても、そのままでは単なる行列でしかありません。そこで見出し行とデータ行を含むテーブルとしてExcelに認識させる必要があります。セル範囲をテーブルに変換すると、データの並び替え、絞り込み、分析などが容易になります。
　なおExcelでは基本的に［テーブルとして書式設定］します。テーブルへの変換と書式設定は必ずしも同時にする必要はありませんが、セル範囲がテーブルに変換したのが視覚的にわかりやすいように、同時に実行できるコマンドが用意されているようです。書式設定は後から変更できるので、ここではテーブルへの変換だけに注目してください。

テーブルの例を試してみよう

　Copilotウィンドウには初期段階のみ「Excelテーブルから始める」というトピックが表示されます。Excelを使いこなしているユーザーには不要ですが、まだテーブルを使っていないユーザーは［例を試す］ボタンをクリックしてみましょう。一般的なテーブルの見本が瞬時に作成されます。慣れないうちはテーブル例を編集して再利用してもいいでしょう。

プロンプトの実例　（固有のデータ名や条件は各自で作成してみてください）
例を試す（ボタン）

① テーブル例を試す

Copilotウィンドウの［テーブル例を試す］をクリックします。

1 ここをクリック

② テーブル例が挿入された

サンプルのテーブル例が挿入されました。

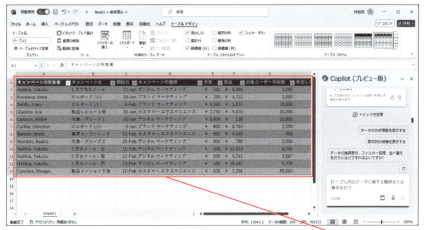

1 ここを確認

49

Excel

SECTION
3-4

Copilot in Excelの
プロンプトの基本

Copilot in Excelはテーブルに対して、①数式列の追加、②ハイライト、③並べ替えとフィルター、④分析——などの操作をプロンプト（指示）として入力できます。ヒント、プロンプト例、テキストボックスを利用して操作します。

テーブルに対するプロンプトを繰り返す

　Copilot in Excelを使うためには、Copilotウィンドウでの操作が基本となります。

　最上部に配置される操作のヒントをクリックすると直接プロンプトが実行されたり、プロンプト例が変化したり、あるいはプロンプト入力用テキストボックスにサンプルが入力されたりします。使い慣れないうちは、操作のヒントとプロンプト例の両ボタンを使ってプロンプトを作成する方法を身につけていきましょう。

　プロンプト例をクリックすると確実にプロンプトが実行されます。意図するプロンプト例がなければ操作のヒントをクリックしてみてください。プロンプト例が置き換わります。日本語化が不十分なためか、ときどきプロンプト例が英語になってしまうこともあります。

　それでも意図するプロンプト例が配置されなかったら、テキストボックスに直接プロンプトを入力します。しかし最初は、まったく意図と異なる結果を招くことも少なくありません。

　Copilot in Excelはテーブルに対する操作が基本となります。そのためプロンプトを実行して、次のプロンプトというようにテーブルに対する操作を繰り返すことになります。

3

Excelで Copilotを使いこなす活用ガイド

① **データの分析情報を表示する**

Copilotウィンドウの［データの分析情報を表示する］をクリックする。プロンプト例として表示されなかったら、テキストボックスに「データの分析情報を表示する」と入力し、［送信］をクリックします。

■1 ここをクリック

② **分析情報が表示される**

Copilotウィンドウに最初の分析情報が表示されます。ここで［別の分析情報を表示できますか？］をクリックすると、次の分析情報が表示されます。そして再び［別の分析情報を表示できますか？］と表示され、それをクリックするとその次の分析情報が表示され、それを繰り返します。しかし個々の分析情報を確認せずに［すべての分析情報をグリッドに追加する］をクリックすると、ここで順番に表示される分析情報が一気に挿入されます。

■1 ここを確認
■2 ここから選択

Excel

SECTION 3-5 Copilot in Excelで扱えるようデータを変換する

Copilot in Excelを利用するためには、テーブルが必要です。表のセル範囲をテーブルに変換する作業に慣れている方には説明不要ですが、テーブルを使用してこなかった方は表のセル範囲をテーブルに変換する操作を覚えましょう。

表のセル範囲をテーブルに変換する①

　Excelではテーブルへの変換と書式設定を同時に適用するように設計されています。表のセル範囲がテーブルに変換したのを視覚的にわかりやすくするためと思われます。テーブルとして書式設定する方法はいくつかありますが、ここでは2つその方法を紹介します。

① テーブルとして書式設定する

表のセル範囲の中の任意のセルをクリックして選択します。[ホーム]をクリックします。[テーブルとして書式設定する]をクリックします。一覧からテーブルスタイルを選択します。

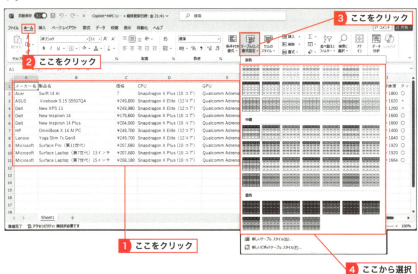

52

表のセル範囲をテーブルに変換する②

　表のセル範囲に隣接するセルにデータが入っていると、正しくセル範囲を検出できない場合があります。ドラッグして選択すれば確実にセル範囲を指定できます。
　セル範囲を選択すると、右下に[クイック分析]が自動的に表示されます。これをクリックして、[テーブル]タブを選び、さらに[テーブル]をクリックするとテーブルとしての書式設定が完了します。この方法では自動的に既定のテーブルスタイルが適用されます。

① クイック分析を表示する

ドラッグしてセル範囲を選択します。選択したセル範囲右下に[クイック分析]が表示されるので、これをクリックします。

1 ここを選択
2 ここをクリック

② テーブルを選択する

[テーブル]タブをクリックし、[テーブル]ボタンをポイントするとプレビューが表示されるので、確認してそのままクリックします。

1 ここをクリック
2 ここをクリック

③ テーブルとして書式設定された

表のセル範囲がテーブルとして書式設定されました。

1 ここを確認

Excel

SECTION 3-6 データ分析に必要な数式列を提案させる

Copilot in Excelに数式列を提案させる方法もあります。関数を利用した数式列を加えると、新しい視点が生まれます。たとえば野球の打撃成績表で「安打」と「打数」から「打率」という新しい数式列が加わると考えてください。

テーブルに新たな数式列を加える

　ここでは例として作成したサンプルテーブルを使って新たな数式の提案を求めてみます。ここではキャンペーンの「予算」と「収益」から「収益率」という数式列が提案されました。これを受け入れると、テーブルの右端に「収益率」という数式列が新たに加えられ、この数式列には「収益÷予算」という収益率を求める数式が挿入されます。

　「売上高−経費＝利益」「参加者÷対象者＝参加率」「本日の為替レート−昨日の為替レート＝1日の為替の値動き」など、ここで提案される関数は四則計算を基本としたもので、難しいものではありません。しかし多くの場合、このような単純な数式が重要な数字を表します。

プロンプトの実例　（固有のデータ名や条件は各自で作成してみてください）
数式列の候補を表示する

① 数式列の候補を表示する

Copilotウィンドウのプロンプト例［数式列の候補を表示する］をクリックします。プロンプト例に表示されない場合、テキストボックスに「数式列の候補を表示する」と入力し、［送信］をクリックします。

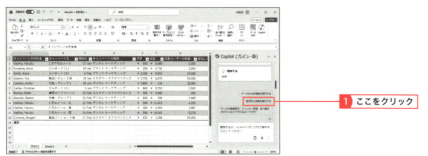

1 ここをクリック

② 数式列を確認して挿入する

Copilotウィンドウに表示されたプレビューを確認し、[列の挿入] をクリックします。

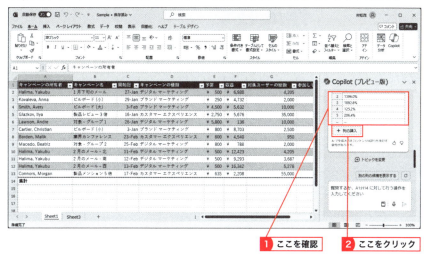

1 ここを確認　**2** ここをクリック

③ 数式列が挿入された

数式列が挿入されました。

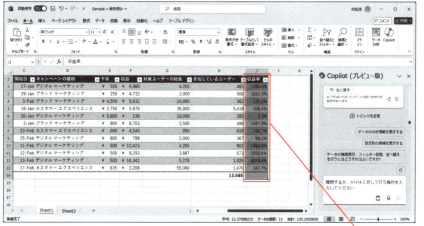

1 ここを確認

SECTION 3-7 テーブルに集計行を作成させる

行の複数の項目の値から導かれる数式列の追加するのは行方向の分析です。これに対して列方向の分析には集計行の追加が役立ちます。集計行は合計、平均、数値の個数、最大値、最小値など切り替えて表示できます。

テーブルに集計行を追加する

テーブルの基本機能として集計行を追加できます。もっといえばテーブルにはあらかじめ隠れた集計行が用意され、既定では表示しないと考えても差し支えありません。コマンドボタンの操作で集計行を表示するのは簡単ですが、ここではCopilotに親しむために、あえて集計行を作成させてみましょう。

Copilot in Excelは基本的にExcelに用意された機能を引き出すためのものです。逆にいえば、もともとExcelに備わっていない機能は実現できません。あらゆる指示はすべて手動でも操作できます。自動的に見出し行とデータ部分が認識されるので、簡単な集計はお手の物です。ここではCopilotにまかせて集計行を追加してみましょう。

プロンプトの実例 （固有のデータ名や条件は各自で作成してみてください）
集計行を追加して

① 集計行を追加する

Copilotウィンドウのテキストボックスに「集計行を追加して」と入力して、[送信] をクリックします。

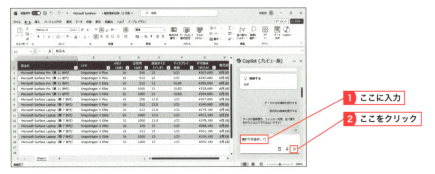

1 ここに入力
2 ここをクリック

② 集計行が追加された

集計行が追加されました。

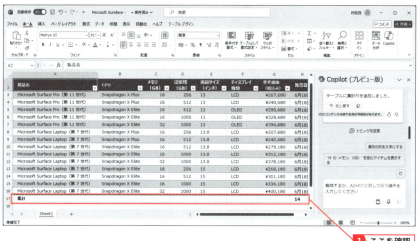

1 ここを確認

③ 集計方法を選択する

集計行が追加されても、すべての集計行のセルはほぼ空白のままです。しかし集計行の任意のセルを選択すると右側に[▼]が出現して、これをクリックすると集計方法の一覧が表示されます。そして集計方法を選択すると、その結果がセルに表示されます。このように集計行は集計方法を瞬時に切り替えられるので、表を分析する上でとても便利に活用できます。

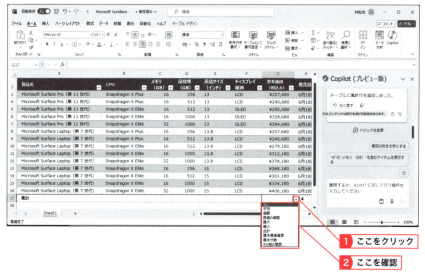

1 ここをクリック
2 ここを確認

SECTION 3-8 テーブルのデータを並び替える

テーブルのデータ並べ替えは、表の1つの項目の列の値に基づいた並び替えは[▼]ボタンから選択可能です。しかしCopilotにまかせて並び替えする方法もあります。複数の項目の列の値に優先順位をつけて並べ替える方法もあります。

並び替えはデータ分析の基本

プロ野球の打撃成績表を新聞で見たことはあるでしょう。これは打率＝安打÷打数を降順（値の大きいほうから小さいほう）に並び替えて掲載されています。つまり打撃成績表は安打を打つ確率の高い選手を見つけやすくなっています。

このような意図を持った並び替えはある目的のデータを探すのにとても役に立ちます。Excelテーブルには任意の項目の見出し行に用意された[▼]を使って簡単にデータを並べ替える機能があります。

しかし並べ替えの基となる列が複数の場合は[データ]タブの[並べ替え]を使う必要があります。さらにCopilotを使えば、このような操作をまかせてしまう方法もあります。ここでは並べ替えの最優先の列と次に優先する列を指定して、並べ替えてみます。

プロンプトの実例　（固有のデータ名や条件は各自で作成してみてください）

記憶域を最優先、メモリを第2優先にして大きい順に並べ替えて

① 比較対象の列を指定して順番を並べ替える

Copilotウィンドウのテキストボックスに「記憶域を最優先、メモリを第2優先にして、大きい順に並べ替えて」と入力し、[送信]をクリックします。

1 ここに入力
2 ここをクリック

② 指示どおりに並べ替えられた

プロンプトで指示したとおり、記憶域の大きさを最優先、メモリの大きさを第2優先にしてデータが並べ替えられました。

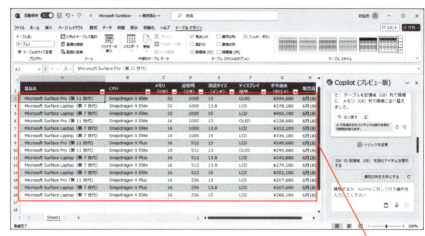

1 ここを確認

COLUMN

生成機能のないCopilot in Excel

　Copilot in Word/PowerPoint/Outlook/OneNoteとCopilot in Excelの最も大きな違いは生成機能のない点です。

　たとえば、「昨年1年間の東京都の月別平均気温・降水量をテーブルにして」というプロンプトでテーブルを生成できれば、とても便利なのですが、いまのところそのような機能はありません。

　しかし実際にはCopilotにそのような機能がないとは思えません。そこでWebで無料版のCopilotに「昨年1年間の東京都の月別平均気温・降水量を教えて」とプロンプトを入れてみました。

　するといとも簡単にその答えを「気象庁の過去の気象データから取得」できました。ということはこのような基礎データを生成する能力があるので、それをCopilot in Excelに組み込めば、日本や世界の基礎データからテーブルを生成する潜在能力があるといえます。このような生成能力が備わればCopilot in Excelはさらに使いやすくなるのではないでしょうか。

▲Copilotには基礎データを生成する能力は備わっている

3 ExcelでCopilotを使いこなす活用ガイド

59

Excel

SECTION 3-9 必要なデータ行だけに絞り込ませる

データ分析の基本は、前述の並べ替え、そして絞り込みです。並び替えと同様、テーブル見出し行の［▼］ボタンに絞り込み機能も用意されています。複数の条件で絞り込むにはCopilotにまかせたほうが早く結果にたどり着けます。

条件を絞り込む

　目的のデータに手早くアクセスするためには絞り込みが効果的です。データが膨大になればなるほど、必要なデータだけに絞り込んでいくと目的のデータが明確に浮かび上がってきます。

　このような意図を持った絞り込みはある目的のデータを探すのにとても役に立ちます。Excelテーブルには任意の項目の見出し行に用意された［▼］を使って簡単にデータを絞り込む機能があります。

　しかし並べ替えの基となる列が複数の場合は［データ］タブの［フィルター］を使う必要があります。さらにCopilotを使えば、このような操作をまかせてしまう方法もあります。ここではある条件を満たす製品だけを表示するように絞り込んでみます。

プロンプトの実例　（固有のデータ名や条件は各自で作成してみてください）

CPUにPlusを含む製品に絞り込んで

データ行を絞り込む

　データの絞り込みは列見出しを指定して、どういう絞り込み方をするのかを指示します。ここでは「CPU」という列見出しを指定して、値に「Plus」という文字列を含んでいるという条件で絞り込んでいます。

① 必要なデータ行を絞り込む

Copilotウィンドウのテキストボックスに［CPUにPlusを含む製品に絞り込んで］と入力し、［送信］をクリックします。

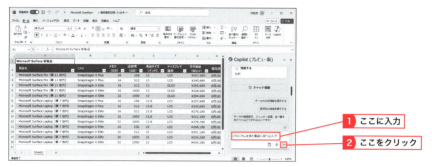

1 ここに入力
2 ここをクリック

② プロンプトの解釈を確認して［適用］をクリック

Copilotウィンドウにプロンプトの解釈と適用方法が表示されますので、それを確認し、［適用］をクリックします。

1 ここを確認
2 ここをクリック

③ データ行が絞り込まれた

Copilotウィンドウにプロンプトの解釈と適用方法が表示されますので、それを確認し、［適用］をクリックします。

1 ここを確認

61

SECTION 3-10 ポイントとなるデータを強調させる

表の中で注目したいデータを自動的に強調できたら便利ですが、そのような用途にもCopilotを利用できることになっています。キーワードを含むデータを強調したり、数値の大小などの条件を指定したりできます。

意外と難しいプロンプトの書き方

　データの中で注目する部分を強調する使い方は比較的よく目にします。これをCopilotで自動化できればいうことはありません。

　並び替え、絞り込みなどは難なくこなしたCopilotですが、強調表示については指定方法が意外と難しい印象です。細かく指示すれば伝わりそうなものですが、まったく同じ文でプロンプトに入力しても結果がその都度異なるのが現状です。

　意図を正しく理解できていない結果を見せられると、いまのところこう書けば正解と自信を持っていえません。いろいろと試しましたが、意図が正しく伝わらず何度も失敗しました。

　そんな状態ですが比較的うまく伝わったのが、見出し列を指定して指示を出すことです。ここではたまたまうまくいった例を取り上げますが、次に同じ指示を出すと異なる結果が出たのも事実です。Excelでの操作方法がわかっていれば、現段階ではこの操作にCopilotを利用するのはおすすめできません。今後のCopilotの進化に期待しましょう。

プロンプトの実例 （固有のデータ名や条件は各自で作成してみてください）

記憶域列の最大値を強調表示して

強調する列見出しを指定する

　テーブルは行単位でデータ、列単位でデータの各項目を示します。そこで列見出しを指定して、項目のキーワードを指定したり、値の大/小で指定したりして、強調するセルを明確にします。

① 強調する列見出しと内容を指定する

Copilotウィンドウのテキストボックスに「記憶域列の最大値を強調表示して」と入力し、[送信] をクリックします。

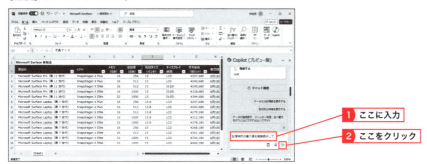

1 ここに入力
2 ここをクリック

② プロンプトの解釈を確認し適用する

Copilotウィンドウにプロンプトの解釈と適用方法が表示されますので、それを確認し、[適用] をクリックします。なおここでは「最大値」を「上位10パーセント」と間違って解釈されましたが、適用結果が同じなので、そのまま受け入れました。

1 ここを確認
2 ここをクリック

③ 強調する列見出しと内容を指定する

強調表示が適用されました。

1 ここを確認

SECTION 3-11 ピボットテーブル／グラフを提案させる

表を分析するためにピボットテーブル／グラフを作成する機能をCopilot in Excelに求めるユーザーは多いと思います。これは複数の項目に着目してデータを分析すれば作成できそうですが、必ずしもそうなりません。

二つの列見出しに着目する

　ピボットテーブル／グラフとは表の複数の項目に焦点を当てて、そこから関係性を導き出すために作ります。Copilot in Excelの分析情報もほぼこれに基づいています。二つの項目を指定して分析させると、この関係をピボットテーブル／グラフにしてくれるのが理想です。しかしプロンプトをいくつか試してみましたが、なかなか求める結果になりません。同じプロンプトでも異なる結果になることもあります。

　そのため現状ではテーブルのデータ分析情報をCopilot in Excelにまかせてしまって、すべての分析情報をいったん受け入れてしまったほうが早道です。テーブルのシートにグラフを挿入、あるいはピボットテーブル／グラフを新しいシートに挿入するので、その中で目的のものを残すという方法です。あまりスマートな方法ではありませんが、現状ではこのほうが時短になると思います。

　細かく指示して表示される分析情報はそのたび異なりますが、[データの分析情報を表示する]をクリックして生成される分析情報は毎回同じようで、[すべての分析情報をグリッドに追加する]と安定的にグラフまたはピボットテーブル／グラフが作成できるようです。

プロンプトの実例 （固有のデータ名や条件は各自で作成してみてください）
データの分析情報を表示する

ピボットテーブル／グラフを表示する

　テーブルの種類によって分析情報は、ピボットテーブル／グラフになることもあるし、単一のグラフになる場合もあります。ここではCopilot in Excelにまかせて、一通りの分析情報を生成してもらいます。

① データの分析情報を表示する

Copilotウィンドウの［データの分析情報を表示する］をクリックします。もしプロンプト例に表示されない場合は、テキストボックスに「データの分析情報を表示する」と入力し、［送信］をクリックします。

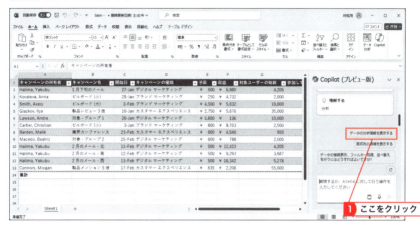

1 ここをクリック

プロンプトの実例 （固有のデータ名や条件は各自で作成してみてください）

すべての分析情報をグリッドに追加する

② すべての分析情報をシートに挿入する

Copilotウィンドウのプロンプトの解釈やPivotChartなどを確認し、［すべての分析情報をグリッドに追加する］をクリックします。もしプロンプト例に表示されない場合は、テキストボックスに「すべての分析情報をグリッドに追加する」と入力し、［送信］をクリックします。

1 ここを確認
2 ここをクリック

65

③ **すべての分析情報が挿入された**

新しいシートが挿入され、すべての分析情報が挿入されました。ここでは6種類のピボットグラフと、その基となる6種類のピボットテーブルが生成されました。

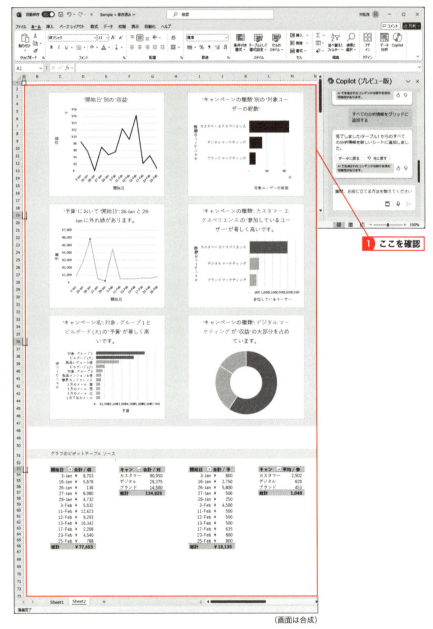

1 ここを確認

（画面は合成）

CHAPTER 4

WordでCopilotを使いこなす活用ガイド

Word

SECTION 4-1

Wordの自動化はこうやる

Copilot機能が有効なWordでは、プロンプトにしたがって新規文書の下書きを作成できます。そして下書きの文書レベルを読者対象に合わせて微調整していけます。文書作成のはじめの一歩に大きく貢献できるのがCopilot in Word最大の特徴です。

Copilot in Wordは下書きが勝負

　Wordで新規文書を作成すると文頭に左に［Copilot］アイコンが配置されます。リボンの右端の［Copilot］ボタンをクリックする前に、この［Copilot］アイコンをクリックしましょう。

　すると［Copilotで下書き］ウィンドウが開きます。ここに書こうとする内容を簡単に入力して、［生成］をクリックします。たったこれだけで下書きが生成されます。生成された下書きを確認して、［保持する］［再生成］［破棄］あるいは微調整用［テキストボックス］をクリックします。問題なければ［保持］、書き直してほしければ［再生成］、不要なら［破棄］を選びます。［テキストボックス］を選ぶと、追加のプロンプトを入力して文書の方向性を微調整できます。

既存のファイルから下書きを作る

　既存のファイルを開いて、新たな文書の下書きを生成できるのもCopilot in Wordの大きな特徴です。既存のファイルとして参照できるのはWord文書とPowerPointプレゼンテーションの2種類です。

　ここで参照したいファイルはあらかじめ法人用OneDriveに保存しておく必要があります。なお参照するファイルが表示されるには時間がかかるので、直前に保存しても参照できない場合があります。

既存の文書には要約機能が強力

　既存の文書に対する操作としては要約機能が優れています。どんな文書でもWord文書として取り込んでしまえば、この要約機能を活用できます。文字数制限は明らかではありませんが、短編小説くらいの文書であれば要約が可能です。

4 WordでCopilotを使いこなす活用ガイド

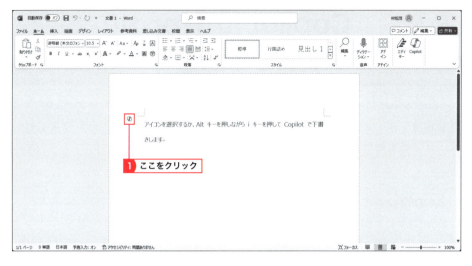

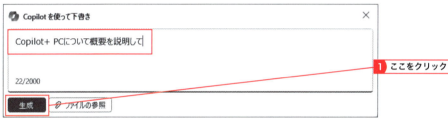

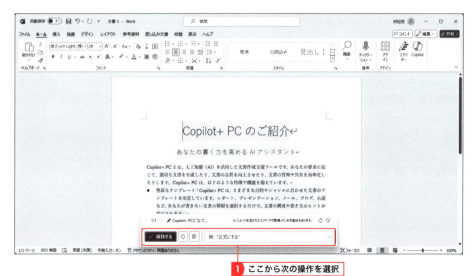

Word

SECTION 4-2

Copilot in Wordの
プロンプトの基本

Copilot in Wordは自然言語のやり取りでプロンプトを伝えられるのが最も大きな利点です。文書の下書き段階で最も威力を発揮しますが、既存の文書に対して形式を整えたり、単語の意味を調べたりなど使い方が広がります。

LLMの恩恵を受ける

　Wordは主に文書を扱うので、大規模言語モデル（LLM）の恩恵を最も受けられるアプリと考えていいでしょう。自然言語でのやり取りの中で下書きを生成したり、付け加える文書を提案させたり、また質問してヒントを得たりといろいろな使い方ができます。

　Copilotウィンドウのヒントやプロンプト例を活用したり、テキストボックスにプロンプトを入力したりするだけです。ただ現時点では、使っているうちに急にプロンプト例が英語になってしまうなど不具合もありますが、いずれ落ち着いてくると思います。

　時間に追われて、膨大な文書を前にしているとき、文書の要約はとてもありがたい機能です。最終的にはすべての文書に目を通す必要があるとしても、最初に要約を見るのと見ないのとでは理解の進み方が違います。

自然言語が使える利点

　Windowsのコマンドプロンプトでは、英語ベースの厳密な書式にしたがってプロンプト（指示）を伝える必要があります。コマンドの文字、言葉の順序、オプションの指定など決まった書式があり、単語を間違えたり、語順が異なったりするとプロンプトは正しく実行されません。あるいは間違って実行されます。

　しかしCopilotではこのような厳密な書式を必要としません。日常会話のような自然言語で、しかも日本語でプロンプトを伝えるだけです。完全な文書ではなく、新聞の見出しのような言葉でも通用します。

　Copilot in WordのCopilotウィンドウにある操作のヒント、プロンプト例、テキストボックスの使い方はCopilot in Excelとほぼ同じです。

▲コマンドプロンプトでは厳密な単語と語順が要求される

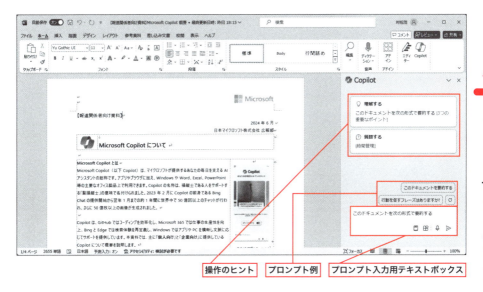

操作のヒント　プロンプト例　プロンプト入力用テキストボックス

単純明快なプロンプトにする

　Copilotウィンドウにプロンプトを入力できるのは2000文字までです。しかし長文になると、焦点がぼけるので単純明快な短い文書で伝えるのが基本です。内容を詰め込みすぎると、曲解や抜けと思われる部分が目立ってきます。

　また言葉は複数の意味を持つ場合がほとんどです。そのためあまりに単純な文書にすると、どちらの意味か判断しかねる場合があります。

　たとえば、アップルはリンゴですが、MacやiPhoneなどを販売する会社の「アップル」だったり、ビートルズの設立したレコードレーベル「アップル・レコード」を意味する場合もあります。別の意味にもとられそうな単語は「コンピューター」「レコード」などいくつか関連する説明を入れると誤解されないようになるでしょう。

Word

SECTION 4-3
WordでCopilotが使えるようにデータを変更する①

Wordのファイルは Word 文書（拡張子 .docx）というファイル形式です。しかし既定のアプリが Word ではないファイルも Word で開けるものがあります。最初に Word で開けるか試してみましょう。

ファイルがWordで開けるか試してみる

　参照したいファイルが Word 文書であれば、そのまま Word で開いて Copilot で扱えます。しかしそれ以外のファイルでも Word で開けるものもあります。その代表的なファイル形式が PDF です。

　Windows の PDF の既定のアプリは Microsoft Edge です。つまり PDF をダブルクリックすると、Edge が開いて PDF を読み込みます。このように既定のアプリが Word ではないファイルを Word で開く方法があります。

① 対象ファイルのコンテキストメニューを開く

エクスプローラーで対象ファイルを右クリックし、[プログラムを開く] を選んで [別のプログラムを選択] をクリックします。

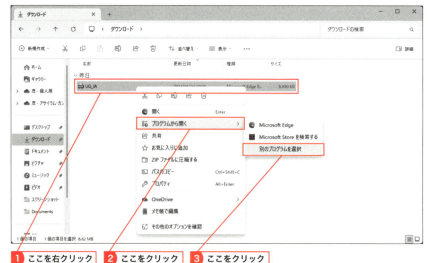

1 ここを右クリック　2 ここをクリック　3 ここをクリック

② 開くアプリを選択する

[アプリを選択してpdfを開く]で[Word]を選んで、[一度だけ]をクリックします。ここで[常に使う]をクリックすると、PDFの既定のアプリがWordに変更されるので注意が必要です。

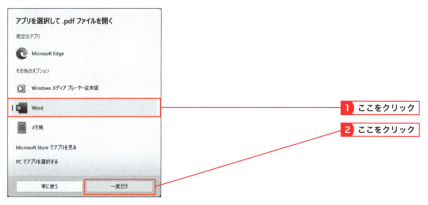

③ Wordへの文書変換を確認する

PDFからWord文書への変換を確認されるので、[OK]をクリックします。既定のアプリとは表示が全く同じにならない可能性について言及されます。

④ PDFがWordで開いた

PDFがWordで開きました。テキストデータ以外に画像も取り込まれているのが確認できます。

SECTION 4-4 WordでCopilotが使えるようにデータを変更する②

ファイルが直接Wordで開けなくてもあきらめる必要はありません。テキストデータを含むファイルであれば、既定のアプリで開いてテキスト部分をコピーして、Word文書に貼り付ける方法があるからです。

Wordで読み込めないファイルのテキストデータをコピーする

　純粋なテキストデータをファイル化したものがテキストファイル形式（拡張子.txt）のテキストドキュメントです。文字修飾に関わるデータを一切保持していません。Word文書やPDFなどにもテキストデータが含まれていますが、フォントの種類、色、サイズをはじめ文字修飾など他のたくさんの情報も含まれています。これらのファイルを既定のアプリで開いて、テキストデータだけをコピーする方法がだいたいは用意されています。

　前SECTIONではPDFをWordで直接開きましたが、ここではWindowsにおけるPDFの既定のアプリMicrosoft Edgeを開いてテキストデータをコピーする方法を取り上げます。ここではPDFを取り上げますが、それ以外のファイルでもテキストデータ部分をコピーする方法があれば、Word文書に貼り付けて、Copilotを利用できるようになります。

Edgeでテキストデータをコピーする

① テキストデータをコピーする

Edgeで開いたPDFのすべてのテキストデータを選択するには、Ctrl + A キーを押します。部分的にテキストを抜き出すなら、その部分をドラッグして選択します。選択されたテキストデータは反転するのでテキストデータ以外の部分は反転しません。テキストデータが選択されたら、Ctrl + C キーを押します。この時点で画面に変化はありませんが、テキストデータはクリップボードにコピーされています。

1 Ctrl + A キーを押す
2 Ctrl + C キーを押す

② テキストデータをWord文書に貼り付ける

Word文書を開いて、[Ctrl]＋[V]キーを押します。するとテキストデータが貼り付けられます。PDFをWordで開くと写真やイラストなど画像データも含めて取り込めますが、この方法ではテキストデータだけが貼り付けられます。

1 [Ctrl]＋[V]キーを押す

テキストに見える画像にはOCR機能

　見た目は、テキストに見えても実際にはアウトライン化されたイラストで画像ベースのものもあります。

　このような画像データにはMicrosoft 365アプリのOneNoteが有効です。OneNoteには手書き文字を含む画像のテキストをOCR機能でテキストデータとして認識し変換する機能があります。

　OCR機能は専用アプリあるいはプリンター付属アプリ、またはWebサービスとしても存在するので、画像をテキストデータ化する工程はCopilotから切り離して考えたほうがいいかもしれません。

Word

SECTION 4-5 新規文書の下書きを作成させる

文書を書くにあたって、かつては原稿用紙を前にして、いまではディスプレイを前にして思い悩む経験はだれにでもあります。ところがCopilotではどんな文書を書きたいのかを簡単なメモや個条書きで使えるだけで下書きを作成してくれます。

文書書き出しのハードルが下がる

　文書書く時の最大のハードルは書き出しではないでしょうか。しかしとりあえず書きたいことを伝えるだけで下書きをこしらえてしまうのは衝撃的です。

　もちろん恋文をAIに頼ってしまうのは気が引けるでしょう。しかし要件を短く正しくまとめるのが最優先のビジネス文書では感情はひとまず棚上げにして、下書きを作ってくれればあとは味付けするだけです。

　Copilotは通常、[Copilot] ボタンを押してCopilotウィンドウを開いてから作業を始めるのが基本です。しかしWordで白紙の文書を作成する場合は、最初にこれを開く必要はありません。白紙の文書の文頭の左に [Copilot] アイコンがスタンバイしていて、これをクリックすると、中央にCopilotウィンドウが開いて、書きたいことを説明するだけで下書き作成してくれます。

　これは従来の文書の書き始めと大きく異なります。前に書いた文書を流用することはあっても、いきなり下書きが作成されるとのは全く次元が異なります。

プロンプトの実例　（固有のデータ名や条件は各自で作成してみてください）

Copilot+PCの概要について書いて

キーワードだけで下書きが生成できる

　ここでは「Copilot+ PCの概要」というキーワードだけで、下書きを作ってみます。追加情報を加えて詳しくプロンプトを書けば、より詳細な下書きが作成される可能性があります。しかしここでは短いキーワードという条件でも下書きを作成できることを確認してください。

① [Copilotを使って下書き] ウィンドウを開く

文頭の左の [Copilot] アイコンをクリックします。

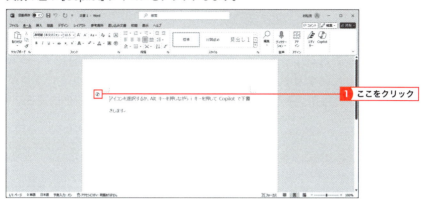

② キーワードを入力する

テキストボックスに「Copilot+ PCの概要について書いて」と入力し、[生成] をクリックします。

③ 下書きを保持する

ほんの短いキーワードだけで下書きが生成されました。ここから下書きを微調整する方法については後述しますが、ここでは [保持する] をクリックして生成された下書きを受け入れています。

77

Word

SECTION 4-6 文書を要約させる

膨大な文書を資料として読み込まなければいけない場面があります。最終的にはすべての文書に目を通す必要があるかもしれません。しかし短時間に要点が分かれた重要な項目は何か、優先させるべき項目は何かなどをすぐに把握できます。

文書の要点を引き出す

　長文から要点を見つけ出して概要を理解するためには、Copilotに文書を要約させるのが早道です。これは自分が作成した文書にも活用できるので、プレゼンテーションなどで最初に要点をまとめて個条書きしたい場合にも活用できます。

　Copilot in Wordに「このドキュメントを要約する」と指示すれば、簡単に重要な点がまとめられますが、「重要なポイントを5点あげて要約」など細かく指示を入れることもできます。

　ここではプレスリリースを使って要点を引き出してみました。

プロンプトの実例　（固有のデータ名や条件は各自で作成してみてください）

このドキュメントを要約する

ドキュメントを要約する

① 既存のドキュメントを要約する

Copilotウィンドウのプロンプト例に表示されていれば［このドキュメントを要約する］をクリックします。プロンプト例に表示されなかったら、テキストボックスに「このドキュメントを要約する」と入力して、［送信］をクリックします。

1 ここをクリック

78

② 要約のテキストをコピーする

Copilotウィンドウに要約が表示されます。内容を確認して［コピー］をクリックするとテキストデータがクリップボードにコピーされます。

1 ここを確認　2 ここをクリック

③ 要約のテキストを貼り付ける

ここでは白紙の文書を開いて[Ctrl]+[V]キーを押して、貼り付けてみました。

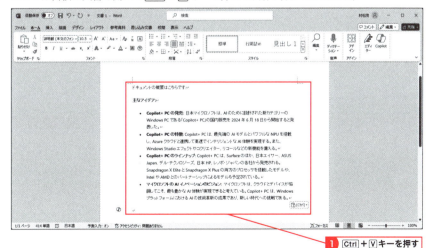

1 [Ctrl]+[V]キーを押す

SECTION 4-7 アウトラインを基に下書きを作成させる

新しい文書を作成するのにもしアウトラインつまり目次のようなものが用意されていれば、より意図したものに近い下書きが作成できそうです。ただしあまり長文は作成できないようなので、長めの要約を作成できる程度に考えたほうがよさそうです。

アウトラインから下書きを作成する

「相対性理論について説明して」。こんな短いプロンプトでもそれなりの下書き作成できます。しかし目次のようにアウトラインを書いておくと、その流れにそって下書きが作成されます。

いくつかのテーマでアウトラインを用いて下書きを作成してみましたが、いくらアウトラインの項目を増やしても、基本的にはA4サイズで1～3枚程度の原稿量にとどまるように下書きが作成されました。内容は個条書きになる場合もあり、少し長めの要約という印象です。

つまり長編小説のような長い文書を1回のプロンプトでは作成できないようです。もちろんひとつ一つをプロンプトで下書きを作っていって、最後にまとめて長編を仕上げるという使い方ならできるかもしれません。

プロンプトにアウトラインを追加する

最初にテーマを入力し、続けてアウトラインを加えて入力します。アウトラインの使い方は単なる羅列でも、①②③と番号を振って列記してもいいでしょう。

① [Copilotを使って下書き] ウィンドウを開く

文頭の左の [Copilot] アイコンをクリックします。

1 ここをクリック

プロンプトの実例（固有のデータ名や条件は各自で作成してみてください）

相対性理論について次のようなアウトラインで説明用の文書を作成して……

① プロンプトにアウトラインを追加する

ここでは「相対性理論について次のようなアウトラインで説明用の文書を作成して」と入力し、続けて「①…、②…、③…、④…」と追記します。そして [送信] をクリックします。

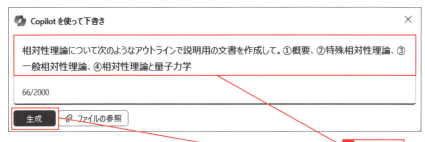

1 ここに入力
2 ここをクリック

③ アウトラインにそって下書きが生成された

生成された下書きを確認し、[保持する] をクリックします。下書きを微調整する方法は後述します。

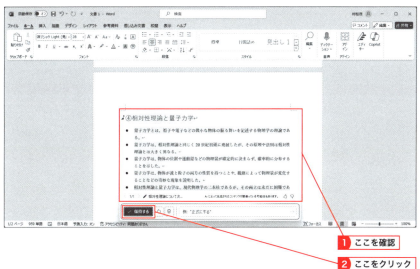

1 ここを確認
2 ここをクリック

4 WordでCopilotを使いこなす活用ガイド

81

SECTION 4-8 複数の文書をまとめて下書きを作成させる

いくつかの文書をまとめて新たな下書きを作成する機能もCopilotに用意されます。対象となるファイルはWord文書またはPowerPointプレゼンテーションです。他のファイル形式のテキストを利用したいならファイル形式を変更して取り込みます。

OneDriveフォルダーを参照

　Copilot in Wordには複数のファイルから下書きの作成する機能があります。Copilotの下書きウィンドウが表示されたら、[ファイルを参照]ボタンをクリックすれば、最大3個のファイル候補が表示されます。ここで参照できるのはWord文書またはPowerPointプレゼンテーションです。追加できるファイルは最大3個まで、追加したファイルを確認し、[生成]ボタンをクリックすると下書きが作成されます。そして下書きが問題なければ、[保持する]をクリックします。

　通常、Windowsのファイル参照ではウィンドウが開いてフォルダーを選択してファイルを選ぶという手順になります。しかしここでは参照しているフォルダーは明示されず、ファイル名だけが確認できます。[ファイルを参照]ボタンの代わりにテキストボックスに直接「/」(半角スラッシュ)を入力するとファイル候補が表示され、「/」に続けてさらに文字を入力していくとファイル候補が絞り込まれます。

　参照先のフォルダーを調べると、法人用のOneDriveでした。個人用のOneDriveなどは参照できません。

　不思議なのは、参照されたフォルダーには他にもWord文書、PowerPointプレゼンテーションが保存されていた点です。原因としてはファイル情報の更新が遅延していると考えられます。対策としては時間に余裕をもって法人用のOneDriveに保存しておくことです。

プロンプトの実例 (固有のデータ名や条件は各自で作成してみてください)
ファイルの参照、続けて文字列を入力

ファイルを参照する

　[Copilot]アイコンをクリックして[Copilotを使って下書き]ウィンドウが表示されたら、[ファイルの参照]をクリックします。代わりにテキストボックスに「/」(半角スラ

ッシュ）を入力しても同様です。続けて文字列を入力していくと、Outlookのメールアドレス欄のように検索状態となりファイルが絞り込まれます。

① ファイルを参照する

[Copilotを使って下書き]の[ファイルの参照]をクリックします。代わりに「/」（半角スラッシュ）を入力しても同様です。

② 検索でファイルを絞り込む

テキストボックスに自動的に「/」が入力されるので、続けて文字列を入力します。ここでは「Copilot+」と入力しました。ファイルが絞り込まれるので、ファイル名をクリックして選択します。

③ ファイルを確認して生成する

ファイルを選択すると、テキストボックスに追加されます。最大3個までファイルを選択できます。そしてすべてのファイルを追加したら[生成]をクリックします。

④ 下書きが生成された

参照したファイルから下書きが生成されました。下書きを確認し[保持する]をクリックします。下書きを微調整する方法は後述します。

SECTION 4-9 文書を指定した文字数以内に調整させる

長い文書を短くまとめるために要約する機能の使用が考えられます。これは文字数を指定して要約するプロンプトを使用します。ただし指定する文字数は「約」ではなく「以内」と解釈され、指定した文字数を大きく下回ることがあるようです。

文字数を指定した要約は難しい？

　文書の要約はCopilot in Wordの得意な機能の一つです。基本的には文字数を指定して要約するように伝えます。要約はCopilotウィンドウに表示されるので、[コピー]をクリックすると、テキストをクリップボードにコピーできます。

　ただ残念ながら、文字数を指定した要約は一筋縄ではいきません。試しに太宰治の短編小説「走れメロス」（約10000字）を1000字で要約させようと試みましたが、何度か失敗を重ねました。そして成功した要約をコピーして貼り付けると316字となりました。

　文字数を指定しないで要約した結果をコピーして貼り付けると175字となり、1000字と指定したほうがより詳しい要約になりましたが、指定した文字数にははるかに届きませんでした。現状では文字数の指定は正しく機能しないと考えたほうがいいでしょう。もちろん今後、機能が改善されれば、実用的になるかもしれません。

プロンプトの実例　（固有のデータ名や条件は各自で作成してみてください）

この文書を1000字に要約して

文字数を指定して要約する

　Copilotウィンドウにはほぼ常に[このドキュメントを要約する]とプロンプト例が表示されています。つまり要約そのものは得意なはずです。これにならって文字数を指定して要約させてみます。

① 文字数を指定して要約する

Copilotウィンドウのテキストボックスに「この文書を1000字に要約して」と入力し、[送信]をクリックします。

② 要約を確認してコピーする

Copilotウィンドウに要約が表示されます。これを確認して、[コピー]をクリックします。クリップボードにテキストデータがコピーされます。

③ 要約を貼り付ける

白紙の文書を開いて、Ctrl + V キーを押して、テキストデータを貼り付けます。1000字で要約と指示しましたが、要約した文書は316字でした。

SECTION 4-10 表を要約して個条書きにさせる

手元にある表を文中で個条書きにしたい場面もあります。表をコピーして貼り付けて、整形していけばでき上がりそうですが、意外と手間がかかるものです。ここではWordで読み込んだ表をCopilotで変換してみます。

表を個条書きにする

　Copilot in Excelには表を個条書きに変換する機能が搭載されているようです。しかしこの機能は2024年6月末現在、とても不安定で何度か試みてやっと成功するような完成度です。Copilotの進化が進めばもっと成功率は上がりそうですが、現時点ではまだ実用的とはいえません。

　具体的には、Wordに表を読み込んだり、あるいは貼り付けたりして、Copilotに表を個条書きに変更するようにプロンプトを入力します。成功すればCopilotウィンドウに表を個条書きに変換します。しかし似たようなプロンプトでも表の作り方の解説を生成したりすることもあって、なかなかドキュメントの表に対して、素直に個条書きを生成してくれない場合もあります。

　表が単純であれば、成功率は上がるようですが、まったく同じ文字列のプロンプトでも成功したり、失敗したりするようです。

プロンプトの実例 （固有のデータ名や条件は各自で作成してみてください）
この表を個条書きに要約して

表を個条書きに変換する

　プレーンテキストでメールを作成する場合、表を個条書きにしたほうが見やすくなります。他にもこのような用途はいくつかあります。

① 表を個条書きに置き換える

表を読み込んだ状態でCopilotウィンドウのテキストボックスに「この表を個条書きに要約して」と入力し、[送信] をクリックします。

② 生成された個条書きをコピーする

Copilotウィンドウに生成された個条書きが表示されるので確認し、[コピー] をクリックします。

③ 個条書きを貼り付ける

[Ctrl] + [V] キーを押してコピーした個条書きを貼り付けます。ここでは白紙の文書に貼り付けています。

SECTION 4-11 個条書きを表に変換させる

先ほどの逆に個条書きを表に変換する機能もCopilotに搭載されています。個条書きは規則性をもって表記されるので、その共通性をCopilotが認識して表にまとめるというものです。実際にはこちらの使い方のほうが需要はありそうです。

個条書きを表にまとめる

　資料によっては、個条書きで一覧を渡される場合があります。これを一覧表にまとめるのは、手作業でやるとかなり手間を取ります。もし個条書きがテキストデータならCopilot in Wordにその作業をまかせてしまいましょう。ただしこれも前SECTIONの表から個条書きに変換するのと同じく、成功率はあまり高くありません。

　ここでは先ほど、表から個条書きに要約したものを別ドキュメントとして保存して、あらためて個条書きから表への変換を試みました。結果的には元の表とは同じになりませんでした。

　単純に貼り付けると見栄えがよくないので整える必要はありました。ただ前のSECTIONの最初の画面にある元の表と見比べればわかりますが、重複部分が簡素化されよりコンパクトにまとめられた表になりました。これにはCopilotの進化の可能性を感じました。

プロンプトの実例　（固有のデータ名や条件は各自で作成してみてください）
この個条書きを表にまとめて

個条書きを表に変換する

　個条書きから表に変換すると、一覧船がよくなります。またExcelでも取り扱えるようになり、データとして充実させるのが容易になります。

① 箇条書きを表に置き換える

箇条書きを読み込んだ状態でCopilotウィンドウのテキストボックスに「この箇条書きを表にまとめて」と入力し、[送信] をクリックします。

1 ここに入力
2 ここをクリック

② 生成された表を確認してコピーする

Copilotウィンドウに生成された表が表示されるので確認し、[コピー] をクリックします。

1 ここを確認
2 ここをクリック

③ コピーした表を貼り付ける

Ctrl + V キーを押してコピーした表を貼り付けます。ここでは白紙の文書に貼り付けて体裁を整えています。

1 Ctrl + V キーを押す

89

Word

SECTION 4-12 あいさつ文など特定の用途の文書を作成させる

年賀状、暑中見舞い、同期会・同窓会の知らせ、退職のあいさつなど特定の用途の文書もCopilotで下書きを作成できます。必要最小限の要素だけ盛り込めば、自動的に作文してくれるので、後で手を加えれば、十分使用に堪えます。

要素だけを伝えればOK

特定の用途の文書の作成はその文書の目的と必要な要素だけをプロンプトで入力すれば簡単に下書きを作成できます。これはアウトラインを加えて、下書きを依頼するのと全く同じ要領です。

年賀状、暑中見舞い、同期会・同窓会の知らせ、退職のあいさつなど用途がはっきりしている文書は、要素をプロンプトに加えていけば、自動的に下書きを作成してくれます。

必要と思われる要素が抜けていても、Copilotが必要と思われる要素をダミーデータで自動的に書き足してくれます。この例では要素として漏れていた申し込み期日、担当者とその電話番号やメールアドレス、発信人などかけていた要素を書き加えてくれました。

つまり下書きを見て足りなかった部分が一目瞭然になります。あとは修正・加筆していけば、文書が完成に近づいていくという塩梅です。

プロンプトの実例　（固有のデータ名や条件は各自で作成してみてください）

同期会の開催を告知するあいさつ文を作成して……

必要な要素を加えて文書を作成する

あいさつ文など特定の用途の文書はそこに必要とされる要素が大体決まっています。そのような文書は用途と必要な要素だけを使えて下書きを作成できます。

① [Copilotを使って下書き] ウィンドウを開く

文頭の左の [Copilot] アイコンをクリックします。

② 用途と必要項目をプロンプトに入力する

テキストボックスに「同期会の開催を告知するあいさつ文を作成して」と入力し、続けて対象者、日時、時間帯、場所などを書き加えます。[送信] をクリックします。

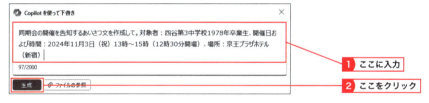

③ 用途と必要項目をプロンプトに入力する

下書きが生成されました。足りない要素はダミーデータで生成されました。

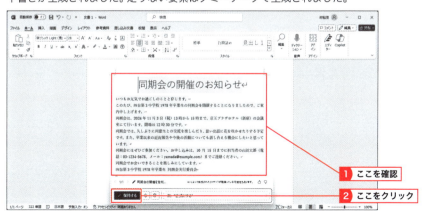

Word

SECTION 4-13 文書に記載されている内容について調べてもらう

言葉について知らないことや不明確なことがあれば、Webブラウザーなどを開いて調べます。Copilot in WordではCopilotウィンドウで質問すると、そのドキュメントの内容、Webからの情報から調べてもらえます。

言葉の意味を質問する

　Copilot in WordのCopilotウィンドウには、操作のヒントボタンに[質問する]が配置されています。その内容は自分で考えなければなりませんが、操作方法だけでなく一般的な言葉の意味などを調べる目的でも使用できます。

　これまではWebブラウザーを開いて、テキスト検索などで言葉の意味を調べるのが一般的でした。EdgeにもCopilotが内蔵されているので、従来より多角的に用語検索を利用できます。

　しかしCopilotに質問を入力するだけで、それと同じような使い方ができるようになりました。Copilotは既存の文書に変更を加えないので、Copilotウィンドウにその答えが生成されます。調べて得られた情報の範囲が明示されて、このドキュメント、内部ドキュメント、そしてWebからというように情報ソース別に列記されます。

プロンプトの実例　(固有のデータ名や条件は各自で作成してみてください)
NPUとは何ですか？

文中の言葉の意味を調べる

　対話型AIでは質問したり、頼みごとしたりしますが、Copilot in Wordでも文中に使われる言葉の意味を調べるのに使用できます。

① 言葉の意味を調べる

Copilotウィンドウのテキストボックスに「NPUとは何ですか？」と入力し、[送信] をクリックする。

1 ここに入力
2 ここをクリック

② 質問の回答を確認する

Copilotウィンドウに質問の回答が表示されたら確認し、[コピー] をクリックする。

1 ここを確認
2 ここをクリック

③ 回答の内容を確認する

コピーしたテキストデータの貼り付け場所は様々です。しかしCopilotウィンドウでは一覧性が悪いので、ここでは白紙の文書に貼り付けて回答を確認しています。するとこのドキュメントから得た回答とWebから得た回答が別々に生成されました。

1 Ctrl + V キーを押す

SECTION 4-14 文書中の専門用語を調べさせる

特定の業界では当たり前の言葉でも一般的には専門用語として説明が必要な場合があります。Copilotでは直接、専門用語に脚注を付ける機能はありませんが、説明が必要な技術用語などを指摘してもらうことはできます。

専門用語を抽出してもらう

　本来はCopilotが専門用語を本文中で該当部分をハイライトして、自動的に脚注の連番を振って、文末に説明を入れてくれれば理想的です。しかしCopilot in Wordはどんな場合でも直接、文書を編集しません。必ずCopilotウィンドウの中に提案を表示するような仕組みになっています。現状でも文書から専門用語を指摘させる機能はあります。

　しかし脚注が必要となる専門用語と考えると、その文書を手にする人のレベルによってその範囲は大きく異なります。いくつかの文書で試してみましたが、一般の新聞で脚注の必要な専門用語というレベルでは少し足りなくはありますが、脚注作成の取り掛かりには役に立ちそうです。

プロンプトの実例　（固有のデータ名や条件は各自で作成してみてください）
この文書の専門用語を指摘して

専門用語を指摘させる

　専門用語という定義はなかなかあいまいなものです。それでも必要最小限の専門用語をCopilot in Wordは抽出できるようです。

① 専門用語を指摘する

Copilotウィンドウのテキストボックスに「この文書の専門用語を指摘して」と入力し、[送信] をクリックします。

② 回答の内容をコピーする

Copilotウィンドウで専門用語の一覧を確認できます。ここでは一覧性が悪いので、[コピー] をクリックして、テキストデータをクリップボードにコピーします。

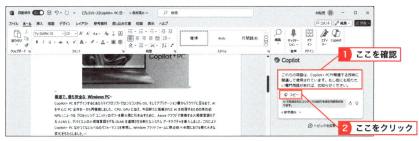

③ 回答の内容を確認する

ここでは白紙の文書に Ctrl + V キーを押して、専門用語の一覧が貼り付けました。

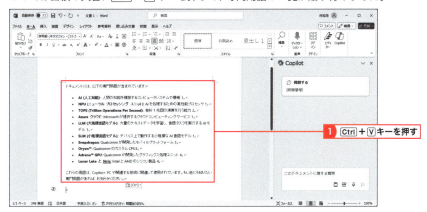

Word

SECTION 4-15 新規文書の下書きを微調整させる

文書は対象読者を考えて書いたほうがより伝わりやすくなります。フォーマルなものからカジュアルなものまで読者を考えて作成しましょう。また大事な要素は個条書きにしたほうが目立って見やすくなり、文書全体にもアクセントが付けられます。

下書きを保持する前に文書の味付けを変える

　Copilot in Wordは既存のドキュメントの味付けの変更を提案させられます。しかし直接、ドキュメントを編集することはありません。Copilotウィンドウに提案が'表示させるので、反映するにはコピーして貼り付けたり、書き加えたりしなければなりません。せっかくCopilotを利用しているのに、このように手間をかけていてはCopilotの利点が損なわれます。

　ただCopilot in Wordは下書きを保持する前の段階では、下書きを直接修整できるので、この機能を利用すると簡単に文書の味付けを変更できます。[保持] ボタンをクリックする前にもう一工夫しましょう。

　具体的な手順としては、下書きが生成された段階で、「例：正式にする　→」と表記されたボックスをクリックし、テキストボックスに要望を入力し、[→] をクリックします。すると下書きが再生成されます。さらに追加プロンプトがある場合はこれを繰り返します。そして満足できる下書きができたら [保持] ボタンを押します。

プロンプトの実例　（固有のデータ名や条件は各自で作成してみてください）
もっとカジュアルな文書にして、日時、場所、連絡先は目立つように個条書きに

下書きを保持する前に微修正する

　ここでは簡単に再生成できる下書きの段階で、追加プロンプトを入力します。下書きが生成された段階で、「例："正式にする"」と表記されたテキストボックスをクリックします。

① テキストボックスをクリックする

下書きを保持する前に［テキストボックス］をクリックします。

② 追加のプロンプトを入力する

「ドラフトを微修正するには、詳細を追加して再生成します」というテキストボックスが開くので、ここでは「もっとカジュアルな文書にして、日時、場所、連絡先は目立つように個条書きに」と入力し、［送信］をクリックします。

③ 修正した下書きを保持する

修正された下書きを確認し、［保持する］をクリックします。

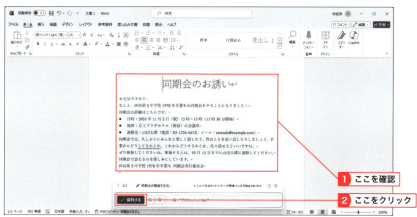

Word

SECTION 4-16 文書の中に図版などが必要かどうかを質問してみる

小説などの文学は別として、文字だけのドキュメントはなかなか読んでもらえません。とくに何かを説明するような実用的なドキュメントでは写真や図版などの画像を追加すると、その理解を助けてくれます。Copilotにこれらの提案をさせられます。

必要な図版を提案させてみる

　Copilot in Wordが下書きとして生成できるのは文字だけです。このような下書きや既存の文書に理解を助ける写真やイラストなどの図版があれば、より内容がわかりやすくなります。Copilotに質問する形で文書に適した図版を提案させることができます。

　Copilotウィンドウに提案を記述してくれます。引用先は法人内のドキュメントが優先され、次にWebからの情報を表示するようです。ただ残念ながら現時点では直接その図版を目にできるわけではなく、検索の手助けとなる文字列を生成してくれるにとどまります。現時点ではここでWordから離れて、Webブラウザーを使わざるを得ません。

　画像検索はWebブラウザーを使用すれば簡単ですが、Wordから直接、画像をプレビューできるようになればとても使いやすくなるでしょう。Copilot in Wordが進化すればそのような機能が備わるのかもしれません。

プロンプトの実例　（固有のデータ名や条件は各自で作成してみてください）
この文書に必要な図版を提案して

ドキュメントに必要な図版を提案させる

　文字だけのドキュメントは味気ないものです。そこでCopilot in Wordに文書の内容の理解を助けるような図版を提案させてみます。

① プロンプトを入力する

Copilotウィンドウのテキストボックスに「この文書に必要な図版を提案して」と入力し、[送信] をクリックします。

② 提案をコピーする

Copilotウィンドウに必要な図版の提案が表示されるので確認します。ここでは [コピー] をクリックしてクリップボードにコピーします。

③ 提案を確認する

白紙の文書を開いて、Ctrl + V キーを押して貼り付けます。ここでは、このドキュメントに図版のヒントがなかったため、Webからの情報のみ表示されました。

Word

SECTION 4-17 稟議書などのビジネス文書を作成させる

職責によっては稟議書など一度も書いた経験のない文書を作らざる得ないことがあります。Wordに用意されたテンプレートを利用する方法もありますが、Copilotに作ってもらったほうが早道かもしれません。

ビジネス文書のテンプレートにも強い

　あいさつ文と同じようにビジネス文書にはいくつか典型的な書類があります。稟議書などはその一例で会社によってはあらかじめ決められた定型フォーマットで作成しなければならない場合もあります。逆にまったく定型フォーマットがなくて、自由に作成する場合もあるでしょう。

　ここでは右も左もわからない人がいきなり稟議書の作成を要求されたと仮定して、稟議書の下書きを生成してみました。実をいうと、Wordの標準テンプレートとして稟議書は用意されていると思っていたのですが、実際には標準としてはありませんでした。そこで稟議書というキーワードだけで下書きを生成したらどうなるかという興味で試してみたのです。想像以上の仮想の稟議書を見事に生成したのには驚きました。

　これは一言でいえば、テンプレートと呼べるもので、稟議書に必要な要素が盛り込まれています。業種や職種によって多少異なりますが、何を記入しなければならないかという最低線は理解できると思います。実際に使用するときは、できるだけ詳細な要素を書き込んでいけば、求める稟議書に近いものが生成されるはずです。

プロンプトの実例 （固有のデータ名や条件は各自で作成してみてください）

稟議書を作成して

テンプレート＋αを作る

　テンプレートを作るつもりで、プロンプトに入力してみましょう。ここでは「稟議書を作成して」と、どんな業種？どんな職種？どんな部署？という要素も与えずに稟議書を作成してみました。

① [Copilotを使って下書き] ウィンドウを開く

文頭の左の [Copilot] アイコンをクリックします。

② 稟議書を作成させる

テキストボックスに「稟議書を作成して」と入力し、[生成] をクリックします。

③ 稟議書が生成された

仮想の稟議書が生成されました。稟議書の内容を確認します。ここから必要な要素を追加プロンプトとして入力して、再生成する方法もあります。そしてある程度完成したら [保持する] をクリックします。

COLUMN

プロンプトは一人称？二人称？

Copilotにプロンプトを書く場合、あなたはどう書きますか？おそらく通常は二人称で書くのではないでしょうか。指示・依頼は命令文、質問は疑問文となります。

指示・依頼なら「……しなさい」「……してください」、あるいは口語的に「……して」、もっとくだけて「……してね」「……してよ」あたりになります。そして質問なら「……ですか？」「……ですよね？」「……何でしょう？」「……何ですか？」となるのではないでしょうか。

いずれにしても共通するのは、二人称の文書になる点です。ところがCopilotウィンドウのプロンプト例を見ると、一人称と二人称の文書が混在しているのがわかります。試しにCopilot in Excelのプロンプト例を見てみます。
「データの分析情報を表示する」「数式列の候補を表示する」

この文書に主語は表記されていませんが、Copilotが主語となる一人称の文書とみなされます。
「データの強調表示、フィルター処理、並べ替えを行うにはどうすればよいですか？」

こちらは明らかに二人称の文書です。ユーザーがCopilotに対して質問している体裁になります。

以上のようにプロンプト例には一人称と二人称の文書が混在しています。そこでCopilotにどう質問するのが正解なのか、聞いてみます。答えは「二人称を使うのが一般的です」でした。プロンプトは自然言語で伝えるのが基本ですから、考えてみれば当たり前の話です。

ちなみにCopilotに「一人称で使う場合どのように伝えればいいですか？」と尋ねると、「自分自身に指示する形になる」という答えでした。結論としては、プロンプトは基本的に二人称で伝え、一人称では自分自身に指示する形にするでいいようです。

▲プロンプトを伝えるには二人称を使うのが一般的

▲一人称を使うには自分自身に対して指示するように伝える

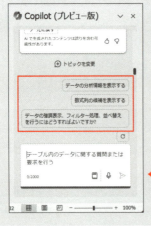
◀プロンプト例は一人称・二人称の文書が混在する

CHAPTER 5

PowerPointでCopilotを使いこなす活用ガイド

SECTION 5-1 PowerPointの自動化はこうやる

Copilot in PowerPointの使いどころはCopilot in Wordと同様に新しいドキュメントの作成時に発揮されます。テーマとなるキーワードをプロンプトに与えるだけで、数ページに及ぶ新しいプレゼンテーションが生成できてしまいます。

新規作成の自動化がカギ

　Copilot in PowerPointの使いどころはやはり新しいプレゼンテーションの生成に尽きます。これはCopilot in Wordで新しい文書の下書きを生成するのにとてもよく似ています。しかしCopilot in PowerPointは下書きではなく、すぐに本文として生成する点が大きく異なります。もちろん既存のPowerPointプレゼンテーションの質的向上にも寄与しますが、自動化という点でこれに勝るものはありません。

キーワードから生成する

　Copilot in PowerPointはテーマとなるキーワードを与えるだけで新しいプレゼンテーションを生成できます。一言キーワードを入れただけで、それらしいプレゼンテーションが生成されるのでかなり驚きます。これまで何時間も費やして苦労してプレゼンテーションを作成してきた経験のあるユーザーには「あの時間はなんだったのか」と思うくらい整ったものが生成されます。詳しくはSECTION 5-04を参照してください。

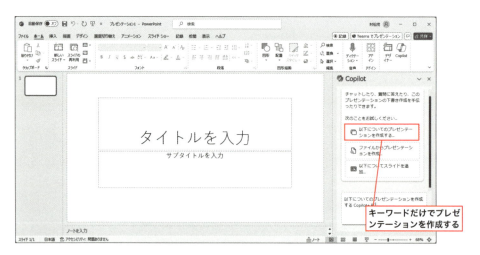

キーワードだけでプレゼンテーションを作成する

既存のファイルから生成する

　キーワードだけで一見整ったプレゼンテーションが作成できるのは驚きですが、生成した後の手直しなど実用性を考えると、既存のファイルからの新しいプレゼンテーションの生成するのが最もいい方法です。

　ここで利用できるファイルはWord文書のみです。PowerPointプレゼンテーションは利用できません。Wordでプレゼンテーションの流れをアウトラインとして作成しておけば、Copilot in PowerPointで意図したプレゼンテーションを簡単に作成できます。

　既存のファイルから新しいプレゼンテーションを作成するには、アウトラインを個条書きにしたWord文書を作成し、これを法人用OneDriveに保存して、Copilot in PowerPointでこのファイルを参照してプレゼンテーションを生成するという流れになります。詳しくはSECTION 5-5を参照してください。

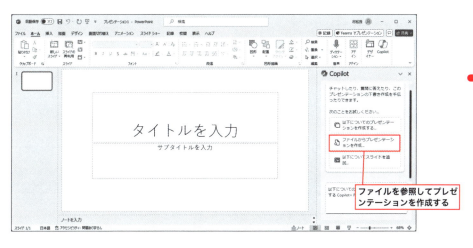

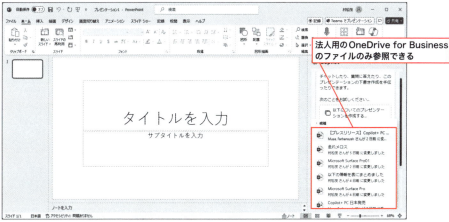

SECTION 5-2 Copilot in PowerPointのプロンプトの基本

Copilot in PowerPointのプロンプトはとてもシンプルです。①新しいプレゼンテーションの生成、②プレゼンテーションの要約、③プレゼンテーションの整理——の3点です。できることは多くないですが、生成能力の高さは驚かされます。

プロンプト例でわかる機能

　Copilotウィンドウのプロンプト例を見ると、Copilot in PowerPointに入力すべきプロンプトの内容がよくわかります。

　新しいプレゼンテーションを作成する場合は、
①以下についてプレゼンテーションを作成する。
②ファイルからプレゼンテーションを作成する。
③以下についてスライドを追加。
となり、すべて新しいプレゼンテーションに役立つプロンプトが並びます。

　既存のプレゼンテーションを開いた場合は、
①以下についてプレゼンテーションを作成する。
②このプレゼンテーションを要約する。
③このプレゼンテーションを整理する。
と②と③の内容が置き換わります。つまり新しいプレゼンテーションの作成以外は、要約と整理に集約されるということです。

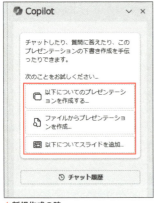
▲新規作成の時

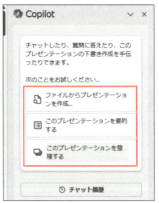
▲既存のプレゼンテーションの時

新しいプレゼンテーション作成が超簡単

　Copilot in PowerPointで新しいプレゼンテーションを作成するには、参照するファイルがなければ、[以下についてプレゼンテーションを作成する]をクリックすると、テキストボックスにそのまま「以下についてプレゼンテーションを作成する」と入力されるので、そこに続けてキーワードを加えればOKです。いつくか詳細な内容を追加してもいいでしょう。

　一方、参照するファイルがあるなら[ファイルからプレゼンテーションを作成する]を選びます。ここで参照できるファイルはWord文書です。プレゼンテーション用のWord文書を用意しているなら選択します。プレゼンテーション用に作成したWord文書でなくてもそれなりのプレゼンテーションを生成できます。

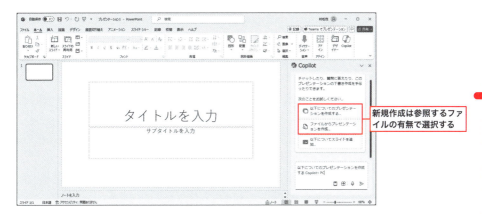

新規作成は参照するファイルの有無で選択する

　既存のプレゼンテーションで最初にやりたいのは整理です。[このプレゼンテーションを整理する]をクリックすると、プレゼンテーション全体を見渡し、項目を整理してページを追加するなど、全体を整えてくれます。

既存のプレゼンテーションには整理がおすすめ

SECTION 5-3 Copilot in PowerPointで扱えるようにデータを変更する

Copilot in PowerPointでは既存のドキュメントから新しいプレゼンテーションを作成できます。参照できるドキュメントは法人用OneDriveに保存されたWord文書です。

他のファイル形式はWord文書に変換

　Copilot in Wordでは下書きの生成で参照できるファイルとして最大3つのWord文書またはPowerPointプレゼンテーションに対応していました。しかしCopilot in PowerPointで新しいプレゼンテーションの生成で参照できるファイルは1つのWord文書だけです。PowerPointプレゼンテーションは対応しません。

　この仕様は今後変更されるかもしれませんが、現時点ではプレゼンテーションのアウトラインを1つのWord文書にまとめて、それを参照して作成するのがいいと思います。

PowerPointプレゼンテーションをWord文書へ

　Word文書への変換方法はSECTION4-3、4-4で説明しているので、ここではPowerPointプレゼンテーションをWord文書に変換する方法をお伝えします。

① 配布資料を作成する

変換したいPowerPointプレゼンテーションを開いて、[ファイル]をクリックします。次に[エクスポート]→[配布資料の作成]を選んで[配布資料の作成]をクリックします。

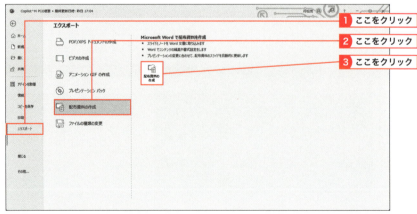

Wordに送る

[Wordに送る] が開くので、どれか形式を選び [貼り付け] を選んで、[OK] をクリックします。

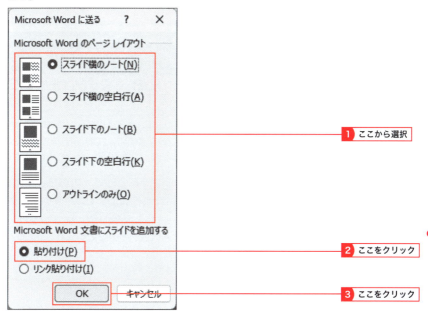

自動的にWordで開く

エクスポートされたファイルが自動的にWordで新規文書として開くので、これにファイル名を付けて、法人用のOneDriveに保存します。なお他の場所に保存すると、Copilot in PowerPointで参照できません。

PowerPoint

SECTION 5-4 新しいプレゼンテーションを作成させる

何もないところから何かを作り出す――。つまり生成能力という点について、その威力を最も発揮するのがCopilot in PowerPointです。テーマとなるキーワードを与えただけで、数ページのプレゼンテーションを生成できました。

キーワード一つで10ページを生成

　Copilot in Wordでは新しい文書の冒頭に［Copilot］アイコンが配置されましたが、PowerPointの新しいプレゼンテーションにはこのようなアイコンは用意されません。そこでリボン右端の［Copilot］ボタンをクリックして、Copilotウィンドウを開きます。

　そしてプロンプト例を生かしながら、参照ファイルの有無で新しいプレゼンテーションを作成していきます。

プロンプトの実例　（固有のデータ名や条件は各自で作成してみてください）
以下についてプレゼンテーションを作成する

新しいプレゼンテーションを作成する

　Copilot in PowerPointではたった一言のキーワードだけで、新しいプレゼンテーションを作成できます。これは驚くべき生成能力です。

① プレゼンテーションを作成する

Copilotウィンドウを開いたら、［以下についてプレゼンテーションを作成する。］をクリックします。

1 ここをクリック

② キーワードを追加する

プロンプト入力用テキストボックスに「以下についてプレゼンテーションを作成する。」と入力されるので、ここではキーワードとして「Copilot+ PC」と入力し、[送信] をクリックします。

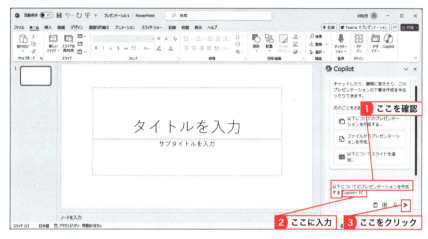

③ 新しいプレゼンテーションを作成された

新しいプレゼンテーションを作成されました。キーワードが英語だったためか、最初は英語で作成されてしまいました。しかし同じ操作を何度か繰り返すと、いつの間にか日本語で生成されるようになりました。どうしても日本語にならなければ、プロンプトを「以下についてプレゼンテーションを【日本語で】作成する。」と書き換えればいいと思います。
Copilot in Wordでは下書きを作成したら、これをそのまま、あるいは微調整する機能がありました。しかしCopilot in PowerPointでは、新しいプレゼンテーションが本文として生成されます。

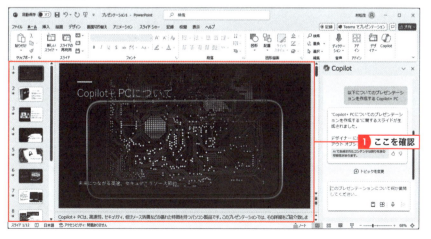

111

SECTION 5-5 Word文書からプレゼンテーションを作成させる

Copilot in PowerPointで新しいプレゼンテーションの作成時に最も使用頻度の高そうなのが、Word文書からプレゼンテーションを作成する方法です。入手したドキュメントをWord文書に変換すれば楽に作業できます。

参照できるドキュメントはWord文書のみ

　キーワードをプロンプトに入れただけで、ある程度見栄えのするプレゼンテーションができてしまうのはとにかく衝撃です。しかしキーワードだけで作成すると、内容や流れがどうなるのかできてみなければわかりません。そこで流れを大まかに指定してプレゼンテーションを作成するなら、Word文書としてプレゼンテーションのアウトラインを作成したほうが意図したものに近くなるからです。

　プレゼンテーションのアウトラインとしてWord文書を作成するのが理想ですが、外部などから入手した資料をそのまま読み込むだけでもかなりの精度でプレゼンテーションを作成できます。もちろんプレゼンテーション向けに補強したほうがいいのはいうまでもありません。

　なおここで参照できるファイル候補はフォルダー名が明示されませんが、法人用OneDriveのWord文書のみ表示されるようです。個人用OneDriveなど他のWord文書はファイル候補として表示されません。つまり参照したいWord文書は法人用OneDriveに保存しておく必要があります。

プロンプトの実例　（固有のデータ名や条件は各自で作成してみてください）

ファイルからプレゼンテーションを作成する

Word文書を参照して新規作成する

 Word文書を参照する

Copilotウィンドウの［ファイルからプレゼンテーションを作成する。］をクリックします。

1 ここをクリック

② Word文書を選択する

ファイル一覧が表示されるので、ファイル名をクリックして選択します。

③ リンクを確認して送信する

「ファイルからプレゼンテーションを作成する。」に続けて、ファイルのリンクが追加されるので確認します。［送信］をクリックします。

④ 新しいプレゼンテーションが生成される

Word文書にそったプレゼンテーションが生成されました。

PowerPoint

SECTION 5-6 プレゼンテーションを整理する

アウトラインなしで作成したプレゼンテーションは構成が十分とはいえません。そこでCopilot in PowerPointに作成したプレゼンテーションを整理して、再構成させてみます。提案された構成がすぐにプレゼンテーションに反映されます。

プレゼンテーションを再構成する

しっかりとアウトラインを作って作成したプレゼンテーションであれば微調整ですみますが、テーマとなるキーワードだけでプレゼンテーションを作成した場合、構成を見直さざるを得ないかもしれません。

そこでCopilot in PowerPointに既存のプレゼンテーションの再構成を提案させます。

プロンプトの実例 （固有のデータ名や条件は各自で作成してみてください）

プレゼンテーションを整理する

整理とは再構成

プロンプト例の「プレゼンテーションを整理する」を見たときは、いったい何が起きるのか正直わかりませんでした。しかし実際に実行してみると、実質的には再構成でした。構成を整理したり、目次ページを作ったりなどです。なかなか利用価値のある機能という印象でした。

① プロンプト例を利用する

Copilotウィンドウの［プレゼンテーションを整理する］をクリックします。

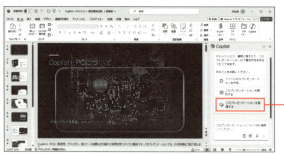

① ここをクリック

② プレゼンテーションを整理する

プロンプト入力用テキストボックスに「プレゼンテーションを整理する」と入力されるので、そのまま［送信］します。

1 ここを確認
2 ここをクリック

③ プレゼンテーションが更新された

Copilotウィンドウに再構成の提案の内容が表示され、自動的にプレゼンテーションそのものが更新されます。ここではスライドが12枚から17枚に増えました。Copilot in Wordでは元のドキュメントに手を加えなかったので、Copilot in PowerPointの直接ドキュメントを変更する動作はダイナミックな感じがします。プレゼンテーションの変更は［元に戻す］ボタンで元に戻せますが、間違って元のプレゼンテーションを失いたくなければ、別名で保存してから実行するか、自動保存をオフにするなど工夫が必要です。

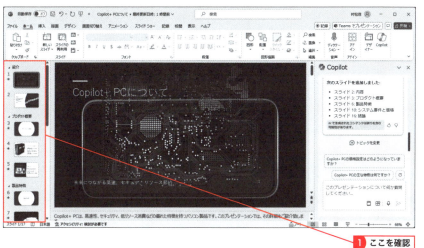

1 ここを確認

PowerPoint

SECTION 5-7 プレゼンテーションに画像を追加させる

プレゼンテーションに画像を追加するなら、スライドを選択して画像イメージを文字で伝えればストック画像に保存されているイメージ画像を自動で挿入してくれます。しかし選択肢も示されず挿入されるので、実行してみないと画像が確認できないのが難点です。

自動的にイメージ画像が挿入される

　プレゼンテーションのスライドにイメージ画像を追加したかったら、Copilot in PowerPointに「〜の画像を追加する」とプロンプトを送信すれば、自動的にストック画像から挿入されます。選択肢が表示されることはなく、決め打ちでイメージ画像が挿入されるようです。ここで指定するイメージ画像はなるべく簡単なキーワードにしたほうがいいようです。あまり細かく絞り込むと該当しなくなります。

　できれば事前に一覧をプレビューできればいいのですが、この操作ではそのような手順はありません。実はここで参照されるストック画像は［挿入］タブ→［画像］→［ストック画像］ボタンをクリックすると、一覧が表示されます。Copilot in PowerPointまかせですぐにイメージする画像が貼り付けられればいいのですが、元に戻す操作を繰り返すようなら最初から一覧を参照したほうがいいかもしれません。

プロンプトの実例　(固有のデータ名や条件は各自で作成してみてください)

PCの画像を追加する

プレゼンテーションに画像を追加する

　プレゼンテーションでは文字以上にビジュアルが大切です。せっかくいい文字原稿を作成しても、見た目が文字だけでは寂しすぎます。そこで写真やイラストなど画像を追加します。

① 画像を追加する

Copilotウィンドウのプロンプト入力用テキストボックスに「PCの画像を追加する」と入力し、[送信] をクリックします。

1 ここに入力
2 ここをクリック

② 画像が追加されました

ドキュメントに直接、画像が挿入されました。Copilotウィンドウにも「使えそうな画像を挿入しました」と表示されています。必要に応じて、元の写真は削除して、新しく追加された画像を全面に表示してもいいと思います。しかしそのようなレイアウト調整についてのプロンプトは現在利用できないようです。

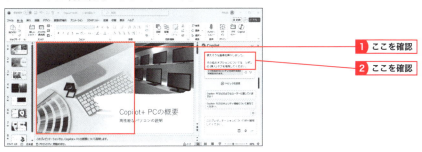

1 ここを確認
2 ここを確認

画像挿入が実行できない場合も

後日、同じプロンプトを入力しましたが、「その言葉で私ができることは認識していません……」として、プロンプトを実行できないこともありました。できなかったこととができるようになる例は少なくありませんが、逆の例は珍しいかもしれません。

プロンプトを認識できないことも……

PowerPoint

SECTION 5-8 プレゼンテーションの目次を追加させる

Copilot in PowerPointでは既存のプレゼンテーションに目次のスライドを追加できます。ただ現状では自然言語ではこのプロンプトを認識できず、「議題スライドを追加する」と特定のプロンプトを入力しないと認識されないようです。

目次のスライドを追加する

　プレゼンテーションを作成した後で概要として目次が必要になることがあります。そんなときにCopilot in PowerPointに特定のプロンプトを入力して実行します。通常なら自然言語で通用するはずですが、2024年6月末現在、最初のスライドを選択して「議題スライドを追加する」と入力しないと正しく意図が伝わらないようです。

　「議題スライド」とはあまり聞かない言葉ですが、これはCopilotウィンドウに表示された操作のヒントとして「議題スライドを追加する」と表示されたので、そのままの文字でプロンプトに入力したら実行されました。内容的にはプレゼンテーション全体の概要スライドを追加する機能なので、目次の作成に利用できると思います。

　本来ならもっと簡単に自然言語でプロンプトを伝えられそうですが、Copilotの日本語理解力に発展途上の部分が少なくありません。いくつか他の書き方を試してみましたが、意図が正しく伝わりませんでした。Copilotの進化が進めばこのあたりもすんなり動作するようになるかもしれません。

プロンプトの実例　（固有のデータ名や条件は各自で作成してみてください）

議題スライドを追加する

目次を追加させる

　自然言語であれば、「2枚目に目次のスライドを追加して」で通じそうなものですが、現状では「議題スライド」と呼ぶ必要があるようです。

議題スライドを追加する

Copilotウィンドウのプロンプト入力用テキストボックスに「議題スライドを追加する」と入力し、[送信]をクリックします。

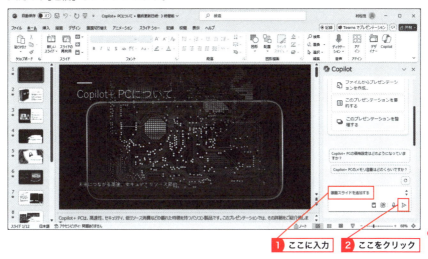

1 ここに入力　2 ここをクリック

2枚目のスライドに目次が追加された

2枚面のスライドが追加され、自動的に「アジェンダ」と題する目次に相当するスライドが生成されました。

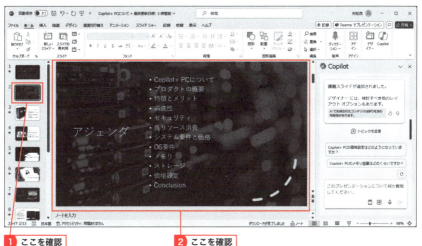

1 ここを確認　2 ここを確認

PowerPoint

SECTION
5-9 プレゼンテーションを
要約させる

Copilot in Wordに文書を要約する機能がありましたが、Copilot in PowerPointにも同様にプレゼンテーションを要約する機能があります。ただし要約されるのはテキスト部分のみなので、メールで概要を知らせる用途に使えそうです。

プレゼンテーションをさらにシンプルにする

　通常、プレゼンテーションは個条書きに近いものなので、文書ほど要約機能は使わないかもしれません。それでもメールアプリやメッセージングアプリなどでプレゼンテーションの簡単な内容を知らせる用途はあります。またPowerPointプレゼンテーションを添付して送信するとしても、本文でその内容を簡単に伝えたい場合もあるでしょう。
　そんなときにCopilot in PowerPointでプレゼンテーションを要約するといいでしょう。

プロンプトの実例　（固有のデータ名や条件は各自で作成してみてください）
このプレゼンテーションを要約する

プレゼンテーションを要約する

使い方は簡単で、既存のプレゼンテーションを開いて、[このプレゼンテーションを要約する]をクリックするだけです。

① プレゼンテーションを要約する

Copilotウィンドウの[このプレゼンテーションを要約する]をクリックすると、テキストボックスに「このプレゼンテーションを要約する」と入力されるので、[送信]をクリックします。

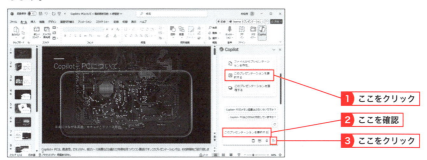

② 要約テキストを確認してコピーする

Copilotウィンドウに要約がテキストで表示されます。[コピー]をクリックすると、テキストがクリップボードにコピーされます。

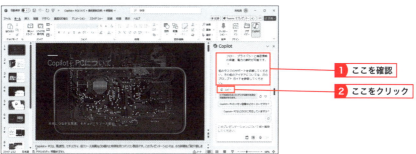

③ 要約を確認する

ここではWordで白紙の文書で開いて、Ctrl + Vキーを押して、貼り付けます。すると、要約が確認できます。

SECTION 5-10 プレゼンテーションの内容について確認する

Copilot in PowerPointで既存のプレゼンテーションを開くと、Copilotウィンドウに自動的にヒントとなる質問例が表示されることがあります。ここをクリックすると、プレゼンテーションの内容からその質問の答えを導いてくれます。

内容に対する質問に備える

　プレゼンテーションには多くの場合、質疑応答の時間が用意されます。そこでプレゼンテーションの内容について、あらかじめ質問を想定してはいかがでしょうか。

　既存のプレゼンテーションを開くと、Copilot in PowerPointはその内容について質問会式のプロンプト例を表示します。それを実行すると、プレゼンテーションの内容からその回答を表示します。回答はプレゼンテーションで説明されている以上の内容は表示されません。つまり逆にいえばその種の質問には答えられるプレゼンテーションになっていることを意味します。

　つまり質問に対する回答が不十分だったり間違っていたりすると、プレゼンテーションの説明が不十分だったり間違っている可能性があります。プレゼンテーション作成の最終段階で、この質問形式のプロンプト例を試してみることをおすすめします。

プロンプトの実例 （固有のデータ名や条件は各自で作成してみてください）

Copilot + PCはどのOSに対応していますか？

質問形式のプロンプト例を試してみる

① 質問を試してみる

プレゼンテーションを生成すると、自動的に内容について質問がプロンプト例として表示されます。ここでは［Copilot＋PCはどのOSに対応していますか？］をクリックします。

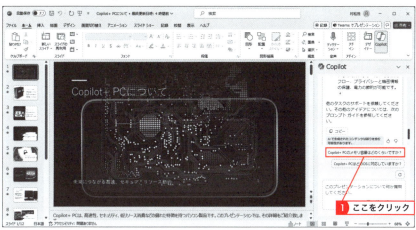

1 ここをクリック

② 質問の応答を確認する

Copilotウィンドウに質問に対する回答が表示されます。実はここでの回答は間違っています。しかしCopilotの回答はプレゼンテーションの内容から生成しています。そのため内容の解釈が間違っている可能性もありますが、プレゼンテーションの内容に間違いがある可能性も否めません。プロンプト例を実行して回答を表示すると、質問のプロンプト例は次々に代わるので、何度か繰り返してみるといいでしょう。

1 ここを確認　　2 ここを確認

123

COLUMN

十分使える無料版Copilot

　本書では有料版のCopilot for Microsoft 365を取り上げていますが、無料のCopilotもとても便利なのをご存じでしょうか？

　アプリに組み込まれる形になるCopilot in Word/Excel/PowerPointなどと違って、無料版Copilotは有料版Copilotと同じくLLMとしてChatGPT-4が利用できる無料のチャットボットです。無料版ChatGPTの場合、LLMがChatGPT-3.5となるので、無料で上位のLLMを使用できます。

　無料版CopilotはWebブラウザーでCopilotページを開くことで利用できますが、今後Windowsのデスクトップアプリとして独立する運びとなっています。両者は画面の下部にプロンプト入力用テキストボックスが用意されていて見た目にはほとんど変わりません。

　ただCopilot in Windowsから卒業し、Windowsの単独アプリとなったことで、従来可能だったWindowsに対する設定変更などをCopilotで指示できなくなったのは、少し残念です。

　Webブラウザーの検索ボックスにキーワードを打ち込む代わりに、Copilotのプロンプト入力用テキストボックスに入れれば、その結果を簡単に確認できます。Copilotで生成された結果はそのページリンクも表示されるので、ネタ元を確認できるのも便利です。好みの問題はありますが、検索ボックス代わりに使ってみると、生成AIの利点が把握できると思います。

▲Webブラウザーで開いたCopilotページ

▲Copilotアプリの見た目はCopilotページとほぼ同じ

CHAPTER 6

[OutlookでCopilotを使いこなす活用ガイド]

Outlook

SECTION
6-1 Outlookの自動化はこうやる

Copilot in Outlookは利用できるのは、いまのところメールの部分のみです。しかもMicrosoft 365とCopilot for Microsoft 365の両ライセンスが有効なアカウントの送信メールの下書きと受信したメールスレッドの要約などに限られます。

ライセンスアカウントのメールのみ有効

　Copilot in OutlookはCopilot in Word／Excel／PowerPointのように右端にCopilotウィンドウが表示されません。またOutlook画面が表示されてもCopilotが有効かすぐに判断できません。それはCopilot使える場面が限定的なためです。他のMicrosoft 365アプリではサインインアカウントを頻繁に切り替えないので気がつきませんが、Outlookはライセンスが有効なアカウントでのみ機能するので、別のアカウントでCopilotが顔を出すことはありません。

　今後のCopilotの機能拡張は進むと思われますが、現状Copilot in Outlookで利用できるのは送信メールの下書きの作成と微調整、そして受信メールのメールスレッドの要約などに限られます。

新規メールの下書きを作成

　送信メールの下書きの作成はCopilot in Wordの新規文書の下書き作成と似たような機能です。下書きが生成された後でトーンやメールの長さなどを微調整ができます。要求を加えて再生成すると、より求めている文面に近づきます。

便利なスレッドの要約機能

　複数の人とやり取りのあるいわゆるグループメールなどに途中から参加した場合、それまでのやり取りを把握するのに苦労します。Copilot in OutlookのCopilotによる要約機能はとても便利です。要約を読めばこれまでの話の流れが把握しやすく、途中からグループメールに参加した場合でも話に置いて行かれることはありません。スレッドが1通のメールだとしても要約機能は有効なので長文のメールの素早い理解にもつながります。

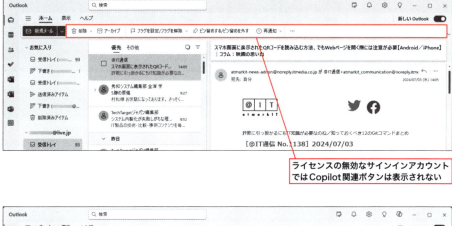

ライセンスの無効なサインインアカウントではCopilot関連ボタンは表示されない

ライセンスの有効なアカウントではCopilot関連ボタンが表示される

Copilot in Wordと同じ要領で下書きを作成できる

6 OutlookでCopilotを使いこなす活用ガイド

127

Outlook

SECTION 6-2 Copilot in Outlookの プロンプトの基本

メールアプリ使用時に最も時間を割くのが受信メールに対する返信です。この作業を手助けしてくれるのがCopilot on Outlookです。メールスレッドの要約で内容の把握を手助けし、返信メールの下書き作成にも寄与してくれます。

メールスレッド全体を要約する

　Copilot in Word/PowerPointにも搭載されているのがCopilot in Outlookの要約機能です。Copilotが有効なOutlookの受信メールの上部には［Copilotによる要約］ボタンが配置されます。これをクリックすると閲覧ウィンドウに表示される選択中のメールが含まれるメールスレッド全体の要約を生成します。なお受信メールの本文が英語でも要約は日本語で生成されます。

プロンプトの実例　(固有のデータ名や条件は各自で作成してみてください)

Copilotによる要約

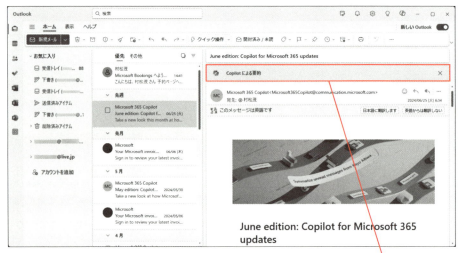

1 ここをクリック

メールの下書き

　Copilot in Outlookは受信したメールへの返信または新規メールの下書きが生成できます。伝えたい内容をプロンプトに書き加えていくと、求めている文面に近いものが生成できます。下書きができたらトーンをフォーマル、ダイレクト、カジュアルそして自分らしくから選択します。自分らしくは過去の送信メールの文面が参照されるようです。そしてメールの長さを長い、普通、短いから選択できます。

プロンプトの実例 （固有のデータ名や条件は各自で作成してみてください）

Copilotを使って下書き

メールのコーチング

　Copilot in Outlookは文面を分析して、コーチしてくれる機能もあります。これは表現方法の選択肢をいくつか提案する機能で、文書を推敲するのに役立ちます。いつも同じいい回しに陥っていると、ここで気づかされることがあるかもしれません。

プロンプトの実例 （固有のデータ名や条件は各自で作成してみてください）

Copilotによるコーチング

Outlook

SECTION 6-3 Copilot in Outlook ならではの下準備

Copilot in OutlookはCopilot for Microsoft 365ライセンスの有効なアカウントでのみ使用できます。この制約に少し戸惑うかもしれません。しかしちょっと工夫をすれば、あまり違和感なく使えると思います。

プライマリアカウントを見直す

ほとんどのユーザーはOutlookに複数のアカウントを登録しているはずです。しかしメール画面で左に表示されるアカウントは登録順に追加され、自由に順番を入れ替えられません。しかし最上位に表示されるプライマリアカウントだけは設定で変更できます。

当然ながらメインに使うアカウントはプライマリに設定したほうが便利です。もし複数のアカウントを登録していて、Microsoft 365 & Copilot for Microsoft 365ライセンスが有効なアカウントがプライマリになっていなかったら設定を変更します。

① 設定を開く

Outlookウィンドウ右上の［設定］(歯車) ボタンをクリックします。

② メールアカウントを管理する

下部に「Microsoft 365」と表記されるメールアカウントの［管理］をクリックします。

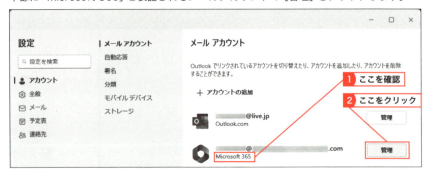

③ プライマリにするアカウントを管理する

[プライマリアカウントとして設定] をクリックします。

④ 設定を続行する

[続行] をクリックします。

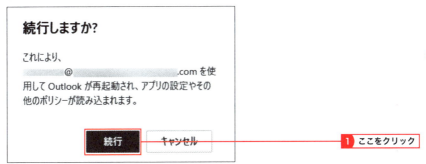

⑤ プライマリアカウントが入れ替わった

プライマリアカウントが入れ替わりました。

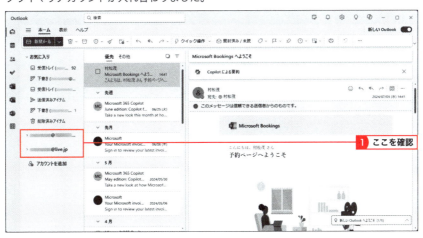

Outlook

SECTION 6-4 メールの下書きを作成させる

Copilot in Outlookでは新規メールまたは返信メールの下書きを支援する機能が搭載されています。プロンプトにテーマだけを伝えると、テンプレートのような下書きを生成しますが、詳細に入力すると、求めている文面に近づきます。

下書きがすぐにでき上がる

メールに慣れていればそれほど書くのは苦にならないかもしれませんが、日常とは全く異なるメールの場合、書き始めるのに時間がかかりそうです。しかしCopilot in Outlookを使えば、新規メールあるいは返信メールの下書きを手助けしてくれます。

プロンプト入力用テキストボックスに伝えたい内容を入力します。暑中見舞いなど簡単なキーワードだけでも下書きを生成できますが、ダミー要素の多いテンプレートになります。できれば伝えたい時事をできるだけプロンプトに追加するといいでしょう。

プロンプトの実例 （固有のデータ名や条件は各自で作成してみてください）

弊社アサイラム・カンパニーの創立15周年記念パーティの案内

① Copilotを使って下書きする

新規メールなら本文の文頭に [Copilotを使って下書き] をクリックします。返信メールであれば、リボンの [Copilot] をクリックして、[Copilotを使って下書き] をクリックします。

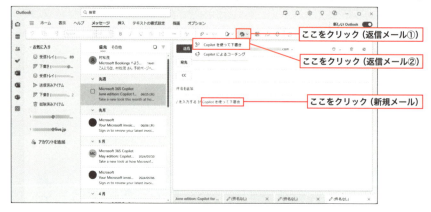

ここをクリック（返信メール①）
ここをクリック（返信メール②）
ここをクリック（新規メール）

② 内容を個条書きで伝える

Copilotを使って下書きのテキストボックスにメールの内容を個条書きで入力します。この例ではパーティの案内状をいくつかの要素を入れながらプロンプトに追加してみました。そして［生成］をクリックします。

③ 下書きが生成された

メールの下書きが生成されました。下書きがそのままでよければ［保持する］をクリックします。やり直したかったら［もう一度試す］、取りやめるなら［破棄する］をクリックします。

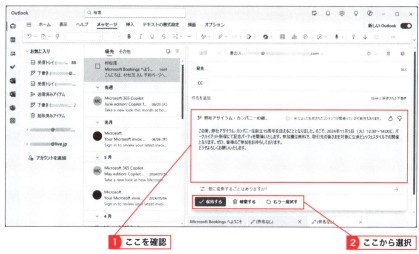

SECTION 6-5 メールの下書きを微調整させる

Copilot in Outlookで下書きを生成したら、保持する前にもう一度見直してみましょう。最初に試すのはトーンの調整です。そしてメール全体の長さも調整できます。なお下書きで足りない個所や修正したい個所があるならプロンプトを編集します。

慣れない文面のトーン調整はありがたい

　下書きが生成できたら［保持する］をクリックする前に見直しましょう。文書全体がピンとこないなら［もう一度試す］をクリックするのも一つの選択です。しかしおおむね問題なければ、［プロンプトを編集］をクリックして、微調整を試みます。

　なおCopilot in Outlookの英語版デモではトーンとして「Sound like me」(私らしく)という選択肢がありましたが、日本語版では確認できませんでした。これは送信済みメールから自分の文体の特徴を特定し適用するものだと考えられます。使い込んでいけば出現するのかもしれません。なおトーン調整以外にも、テキストボックスにプロンプトを追加して、加筆修正する方法もあります。

プロンプトの実例 （固有のデータ名や条件は各自で作成してみてください）
長くする/短くする

プロンプトの実例 （固有のデータ名や条件は各自で作成してみてください）
よりフォーマルな表現にする/よりダイレクトな表現にする/よりカジュアルな表現にする

プロンプトの実例 （固有のデータ名や条件は各自で作成してみてください）
詩的にする

① 文面のトーンを調整する

［プロンプトを編集］をクリックします。文量を［長くする］、あるいは［短くする］で長さを調整できます。そして文書のトーンを［よりフォーマルな表現にする］［よりダイレクトな表現にする］［よりカジュアルな表現にする］から選択できます。また［詩的にする］とちょっと使う場面が想像つかないものもあります。

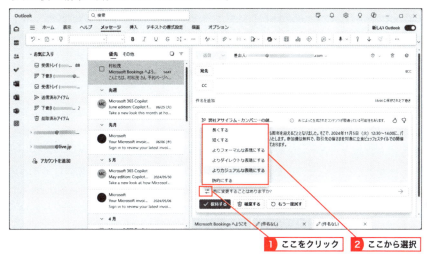

② 下書きを保持する

下書きを確認します。適用された微修正はメール本文の上部で確認できます。微調整が終了したら、［保持する］をクリックします。

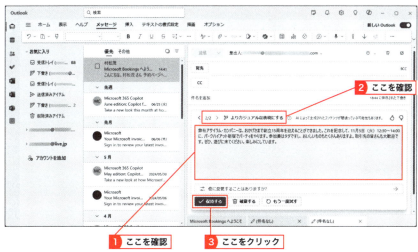

Outlook

SECTION 6-6 受信したメールを要約させる

Copilot in Outlookに搭載されたメールの要約機能はとても便利です。単一メールだけでなくメールスレッド全体を要約します。また原文が英語のメールでも日本語で要約されます。

Outlookにも要約機能を追加

　テキストを扱うCopilot in Word/PowerPointと同じくにCopilot in Outlookにも要約機能が搭載されました。なにかと忙しい現代、大量のメールの処理に追われるユーザーも少なくないでしょう。そんなときメールスレッドでまとめて要約してくれるのはとても重宝します。

　複数の人数でCCしながらやり取りをしているメールスレッドに途中から加えられる場合があります。ビジネスメールではよくあることで、話の方向性によってかかわる人が増減したり入れ替わったりするものです。メールを要約して過去の重要な要点を押さえれば、後発組もキャッチアップしやすくなります。

　ここで取り上げた例では原文が英語のメールに対して、要約は日本語で表示されています。原文にかかわらず、要約は日本語で表示されるようです。

プロンプトの実例　（固有のデータ名や条件は各自で作成してみてください）

Copilotによる要約

① Copilotによる要約を実行する

該当するメールスレッドのメールを閲覧ウィンドウに表示すると、上部に［Copilotで要約］ボタンが配置されるので、これをクリックします。

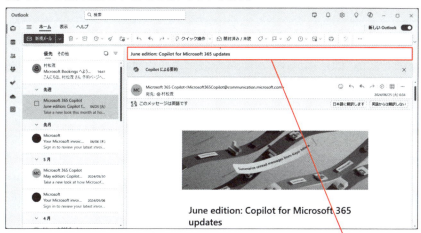

❶ ここをクリック

② メールスレッドの要約が表示された

メール本文の上部に要約が表示されます。ここでは元のメールが英語でしたが、要約は日本語で表示されました。

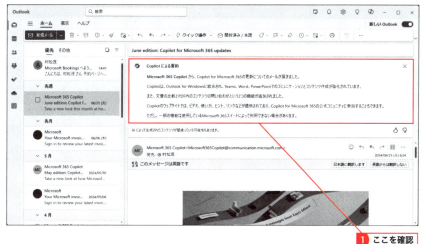

❶ ここを確認

Outlook

SECTION 6-7 ／キーを活用する

Copilot in Wordの「Copilotで下書き」の際にファイル参照で／キーを活用できましたが、Copilot in Outlookでも／キーは複数の役割を担っています。メールの作成時に本文の冒頭で／キーを押すと、その役割が明らかになります。

ファイル参照に使用できるキー

　メールの作成時に本文の冒頭で（半角スラッシュ）キーを押すと、メニューが表示されて [Copilotで下書き] ボタンが表示され、続いて最大3個のファイル名が参照されます。そしてファイル名をクリックすると、メール本文にファイルへのリンクが貼られます。

　既定ではリンクを知っているすべてのユーザーが参照できますが、後から共有対象を限定したり、編集の可否を設定したり、有効期限を設定したり、パスワードを設定したりできます。勘のいい方ならすでにお気づきと思いますが、つまりここで参照されるのは法人用OneDriveに保存されているファイルです。

　これはCopilot in Wordの [Copilotで下書き] ウィンドウに表示されるプロンプト入力用テキストボックスで／キーを押して、ファイル参照する動作に類似しています。／キーに特別の用途を持たせるようです。

　ただ日本語環境の場合、多くのユーザーは日本語IMEがオンの状態で使用しているので、「/」（半角スラッシュ）は、／キーを押した後で、変換候補から選ぶ、あるいは F9 ＋ F8 キーを押して強制的に半角英数に変換する必要があります。どちらにしてもあまり使い勝手がいいとはいえません。

本文の冒頭で／キーを押す

　使い方としてはメール本文を選択してから／キーを押します。新規メールの作成時には本文の冒頭に明示されるので気づきますが、返信メールの作成時にも／キーは有効です。ファイル候補をクリックして選択すると、本文にファイルへのリンクが貼られます

プロンプトの実例　（固有のデータ名や条件は各自で作成してみてください）

／

添付ファイルを選択する

　Copilot in Word/PowerPointと同じように⌘キーがファイル参照で利用できます。本文の冒頭で⌘キーを使用すると、法人用OneDriveが参照されて、添付するファイルを選択できます。

① ⌘キーを押す

メール本文の冒頭で⌘キーを押す。

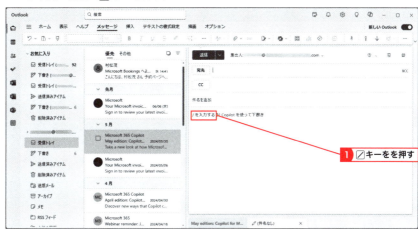

② 冒頭で⌘キー

ファイルが参照されました。ファイルをクリックして選択します。さらに別のファイルを添付する場合は再度⌘キーを押して、同じ手順を繰り返します。

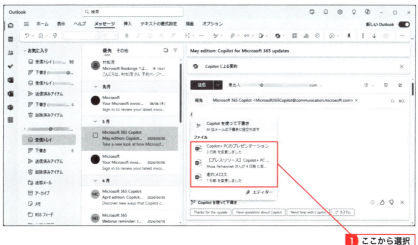

③ **ファイルが添付された**

ファイルが添付されました。

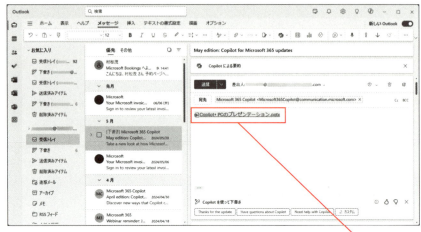

❶ ここを確認

COLUMN

有料から無料？になったOutlook

　Windows 10/11から既定のメールアプリとしてメール（アプリ名なし）が付属していました。そしてOutlookはMicrosoft 365に含まれる有料アプリでした。しかしWindows付属の既定のメールアプリがOutlookに置き換わりました。ここでは混乱を避けるためnew Outlookと呼びます。本書でもこのnew Outlookを使用してCopilot in Outlookを検証しています。

　ところがこのnew Outlookは一見無料ですが、Microsoft 365ライセンスのアカウントでサインインしないと、新遅着メールとして広告が表示されます。筆者の場合、new OutlookにMicrosoft 365ライセンスのアカウントでサインインしないPCもあるので、毎日出現する広告に地味に悩まされます。

Microsoft 365ライセンスのアカウントでサインインしないと広告が表示される

CHAPTER 7

TeamsでCopilotを使いこなす活用ガイド

SECTION 7-1 Teamsの自動化はこうやる

Teamsはチャット、会議など共同作業の中核を果たすMicrosoft 365アプリです。そのためWebブラウザーで開く「職場のCopilot」と共通のインターフェイスを備えています。またTeams会議画面でもCopilotの機能を活用できます。

CopilotのゲートウェイとなるTeamsチャット画面

　Copilot in Teamsはアプリ横断的な情報収集が可能です。それはWebブラウザーで開ける「職場のCopilot」と共通のインターフェイスを備えているからです。ここではメール、カレンダーなどを扱うOutlook、ドキュメントを扱うWord/Excel/PowerPointなどMicrosoft 365アプリのデータを使って横断的に情報を収集できます。

　Copilot for Microsoft 365は基本的に各Microsoft 365アプリの中にCopilot in 〜という形で組み込まれています。これらはそのアプリの中でしか動作しません。しかしTeamsチャット画面は「職場のCopilot」と同じインターフェイスを備え、アプリの枠に縛られない形で存在しています。

職場のCopilotをTeamsで開く

　EdgeなどWebブラウザーで職場のCopilot for Microsoft 365ページを開けますが、Teamsのチャットセッションでも同様のページが表示できます。

① **職場のCopilotを開く**

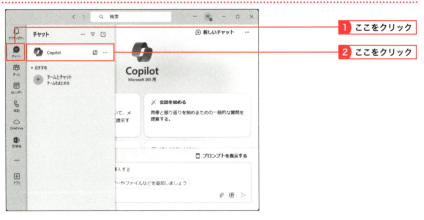

② 職場のCopilotが開いた

職場のCopilot for Microsoft 365が開きました。

③ Webブラウザーで開いた職場のCopilot

Webブラウザーで職場のCopilotを開くと、ほぼ同じ後世になっていることが確認できます。

1 ここを確認

Teams会議画面

　Teams会議画面は従来どおり会議の要約を作成したり、あるいは翻訳したりといったプロンプトを要求できます。レコーディングと文字起こしを有効にすることで、Copilot機能が有効となり、会議の記録を自動化し、会議の内容をまとめて議事録を作成したり、発言者を絞り込んで内容を確認したり、途中参加の支援でCopilotを活用できます。

① 会議画面のCopilotを開く

Teams会議画面で[Copilot]をクリックすると、Copilotウィドウが開きます。

1 ここをクリック
2 ここを確認

Teams

SECTION 7-2 Copilot in Teamsのプロンプトの基本

Copilot in Teams操作の起点は「職場のCopilot」です。WebのCopilot for Microsoft 365＜職場＞ページと同じインターフェイスを備えています。他のMicrosoft 365アプリのファイルに対しても一部のプロンプトを実行できます。

CopilotのゲートウェイとなるCopilot in Teams

　操作のヒントはCopilot in Teamsでもとても有効です。たとえば会議の準備を手伝ってほしいとします。ユーザーを選択したり、Word文書、Excelブック、PowerPointプレゼンテーションなどのファイルを選択したりすると、ファイルの内容を把握して何を準備すればいいかヒントを与えてくれます。そして次にはどんなサポートが必要なのかまで知らせてくれます。

　他にもいろいろな使い方がありますが、どのアプリを使えばいいかあまり気にせず次から次へプロンプトを繰り返して、少しずつ方向性を見出していけます。このあたりも他のMicrosoft 365アプリでCopilotを使うのとは一味違った印象を受けます。

Copilot in Teamsで会議を始める準備をする

　会議を始めるにあたって、基礎資料を用意する必要があります。それにはユーザーからのメールやファイルを選択して、次に何をすべきなのかを探ります。

① 操作のヒントを活用する

［会議を始める］をクリックします。

1 ここをクリック

② ユーザーまたはファイルを選択する

自動的に入力されたプロンプトを確認します。次に参照するユーザーまたはファイルを選択します。そして［送信］をクリックします。

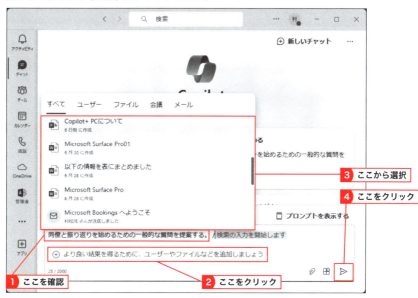

③ 要約して次にすべきヒントを生成する

SECTION 7-3 メールで注目すべきものを調べさせる

タスクを追跡させるのもCopilot in Teamsの得意技です。たとえば最近のメールの内容を調べて抽出させます。探す範囲を指定したり、送信者を指定したり、内容を指定したりして抽出させると、探し物が見つかりやすくなります。

過去のタスクを追跡する

　１週間のメールの量はどのくらいでしょうか。人によっては100件を超えるかもしれませんね。どこかにあるはずだけど見つからない――。仕事をしていてだれしもそんな経験があるはずです。メールの履歴を見て探したり、ファイルを開いて内容を閲覧したり、Webブラウザーの閲覧履歴を調べたり、そうこうしているうちに時間ばかりが過ぎてしまいます。

　そこで秘書に仕事を頼むようにCopilot in Teamsにタスクを依頼してみましょう。ここでは操作のヒント［タスクを追跡する］のプロンプト例［先週のメールで注目すべきものはどれですか？］をそのまま実行してみました。「注目すべき」は少し抽象的かもしれません。業務依頼、請求書などもっと具体的なキーワードを入れれば、さらに核心に近づけるかもしれません。

　またここではメールを探しましたが、ファイルを探すのにもっと時間を費やしている人も少なくないのではないでしょうか。対象をファイルにして同じようなプロンプトを利用できそうです。ただCopilotが参照するのは法人用OneDriveです。日ごろからファイルの保存場所は一本化しておきましょう。

プロンプトの実例　（固有のデータ名や条件は各自で作成してみてください）
先週のメールで注目すべきものはどれですか？

メールで注目すべきものを探す

① 操作のヒントからプロンプトを入力する

[タスクを追跡する] をクリックします。テキストボックスに自動的に「先週のメールで注目すべきものはどれですか？」と入力されます。そのまま [送信] をクリックします。

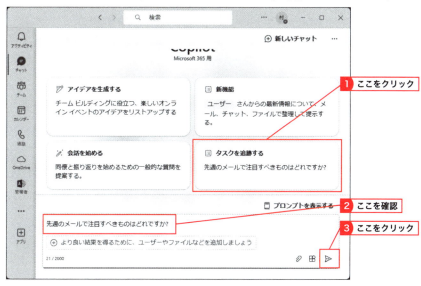

② 抽出されたメールの内容を確認する

SECTION 7-4 カレンダーの予定を調べさせる

OutlookまたはTeamsでカレンダーを開けば予定を確認できます。しかしCopilot in Teamsで「〇〇が出席する次の会議は」と質問すれば、すぐに答えを返してくれます。このように秘書のような指示もCopilotの使いどころです。

カレンダー情報を取得する

　カレンダーに書き込まれた予定を調べるのはそれほど難しいことではありません。しかし1日の予定が3、4件を超えてくると、そういっていられなくなります。そのような多忙なユーザーにはきっと秘書が必要です。そこでCopilot in Teamsに秘書の代わりをやってもらいましょう。

　[カレンダー情報を取得する]をクリックすると、「/ との次の会議はいつですか？」と自動的に入力されます。そしてここでユーザーを選択するように促されます。自分が出席する会議ならユーザーとして自分を選択すればいいのです。

　これはとても簡単なプロンプトですが、探す範囲を選んだり、内容を絞り込んだりしていけば、多数の予定の中から目的の会議を見つけ出してくれます。またこのような検索は多忙な人物を直に捕まえるヒントを提供してくれます。

プロンプトの実例　(固有のデータ名や条件は各自で作成してみてください)

カレンダー情報を取得する

次回の会議を調べさせる

　ユーザーを選択して、そのユーザーが参加予定の次の会議を調べられます。ユーザーとして自分を選ぶと、自分が次に出席する会議が明らかになります。

① 次の会議を探す

[カレンダー情報を取得する] をクリックします。

❶ ここをクリック

② 目的のユーザーを選択する

プロンプトに「との会議はいつですか？」と入力されて、自動的にユーザーの参照が開くので、そのユーザーをクリックして選択します。そして [送信] をクリックします。

❶ ここを確認
❷ ここから選択
❸ ここをクリック

③ 会議の日程が示された

探していた会議とその日程が表示されました。

❶ ここを確認

SECTION 7-5 会議を要約させる

Teams会議のレコーディングと文字起こしを有効にすると、Copilot in Teamsで会議の発言を文書化できるようになります。そこで会議の発言者、発言時間なども記録されるので、会議のまとめを文書化して、議事録などに転用できます。

単なる要約ではない会議のまとめ

これまで会議の議事録は出席者のだれかにまかせて、録画・録音した会話を四苦八苦しながら文字に起こし、最後にまとめていたのではないでしょうか。しかしTeams in Copilotはレコーディングと文字起こしを有効すると、会議が終わってからその内容をいろいろな側面から確認できます。会議オプションでレコーディングと文字起こしは自動化できますが、起動時に確認が表示されるので必ずしも事前に設定する必要はありません。

Teamsの文字起こし能力は完全とはいえませんが、Copilot in Teamsの要約能力はかなり優秀です。なお要約の基となる会話の文字起こしが[トランスクリプト]で確認でき、[AIメモ]にはこれらをまとめた内容が詳しく記載されています。

プロンプトの実例 （固有のデータ名や条件は各自で作成してみてください）
要約の表示

[要約の表示] ですべて解決

Teamsチャット画面で[チャット]→[(該当する)会議]をクリックして選択します。すると、会議を録画したビデオが表示されます。

スクロールダウンすると、[話者][トピック][チャプター]を切り替えて表示できます。話者はそれぞれの発言のタイムラインが表示され、トピックは話題別に分類されます。チャプターは話題ごとに自動的に区切られます。

さらにスクロールダウンすると、今度は[メモ][AIメモ][メンション][トランスクリプト]を切り替えて表示できます。このうちトランスクリプトは生の会話がそのまま文字起こししたものです。またAIメモは、文字起こしから要点をまとめたもので要約より詳しく会議の内容がわかります。

① チャットの該当会議を開く

Teams チャット画面で、[チャット] → [(該当する) 会議] をクリックします。

② 要約を表示する

[要約の表示] をクリックします。

③ 会議の要約が開いた

会議のビデオが表示されるので、スクロールダウンします。

④ [話者]を開く

[話者]をクリックして開きます。トピックが列記されます。

ここで表示を切り替え
① ここを確認

⑤ [トピック]を開く

[トピック]をクリックして開きます。

ここで表示を切り替え
① ここを確認

⑥ [チャプター]を開く

[チャプター]をクリックして開きます。チャプター別にビデオが表示されます。

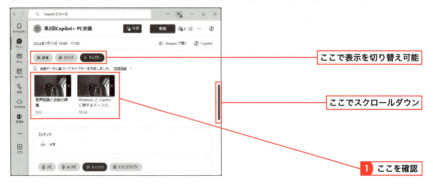

ここで表示を切り替え可能
ここでスクロールダウン
① ここを確認

⑦ [AIメモ] を開く

[AIメモ] をクリックして開きます。会議のメモやフォローアップタスクが表示されます。

⑧ [トランスクリプト] を開いて、保存する

[トランスクリプト] をクリックして開きます。会議の文字起こしが表示されます。[ダウンロード] → [.docx形式でダウンロード] をクリックします。[ファイルを開く] をクリックします。

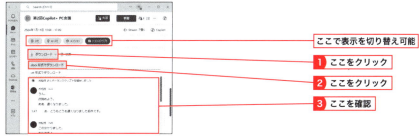

⑨ Word文書として保存したファイルを開く

[ファイルを開く] をクリックします。

⑩ ダウンロードしたWord文書が開いた

文字起こししたWord文書が開きました。

Teams

SECTION 7-6 会議の議事録を定型で作成させる

会議の要約は議事録としても十分通用しますが、定型の文書にして議事録を作成しなければならない場合もあります。そういう場合は、定型のひな型を決めて、Copilotに伝えれば、それにそって議事録を作成してくれます。

コピペより簡素化したい

　繰り返しになりますが、Copilot in Teamsの要約能力はかなり優秀です。しかし会社の都合上、定型の議事録が必要な場合があります。記述されている内容に過不足がなくても、定型でそろえておけば多くの会議の内容を参照しやすいからでしょう。

　要約された文書からコピー＆貼り付けを繰り返せば、定型の議事録は作成できますが、できるだけ自動化したいところです。定型で出力して微修正というのが効率的と思われます。

プロンプトの実例　(固有のデータ名や条件は各自で作成してみてください)

以下のフォーマットで議事録を作成してください……

定型出力を試みる

　テキストボックスに「以下のフォーマットで議事録を作成してください。」と入力して、必要事項を並べてみました。ここでは「#日時：」「#出席者：」「#議題：」「#会議の目的：」「#決定事項」「#アクション」と「#」で項目付けして、[半角スペース]で区切って羅列しました。なおCopilotウィンドウに生成された議事録にはなぜか[コピー]ボタンが用意されません。ドラッグしてテキストを範囲選択し、コピーしてWord文書などに貼り付ければいいでしょう。

　ここまでできるならテンプレートを用意したWord文書に流し込んでくれればいいですね。そこまでできれば完全に自動化ですが、Copilotが進化していくとそんな未来も見えてきます。

① フォーマットを指定して議事録を作る

テキストボックスに「以下のフォーマットで議事録を作成してください……」と入力します。[送信]をクリックします。

1 ここに入力
2 ここをクリック

② 出力された議事録をコピーする

指定したフォーマットでCopilotウィンドウに表示されるので、必要なテキストを範囲選択してコピーします。

1 ここを選択してコピー

③ 議事録をWord文書に貼り付ける

Word文書を開いて、[Ctrl]+[V]キーを押すなどして貼り付けます。

1 ここを確認

SECTION 7-7 特定の参加者のコメントを抽出させる

会議の中の特定の話者の発言に注目する場合、その話者の発言部分を選んで再生したり、書き起こしから発言を抽出したりできます。たくさんの参加者がいる会議では話者を絞り込めるのはありがたい機能です。

会議の要約を利用する

　だれか特定の話者だけの発言を追うのであれば、会議の要約画面で話者を開きます。話者の発言がタイムラインで表示されるので、これをクリックすると、発言部分の冒頭にビデオがスキップします。そして同じ発言者の次のタイムラインをクリックして、次の発言にスキップ……。このように操作していくと、特定の発言者に焦点を当てて会議を閲覧できます。

話者から発言を確認する

　会議の要約画面で［話者］を開きます。タイムラインの発言者の部分をクリックします。この個所の先頭部分にビデオがジャンプします。［▶］をクリックすると、そこから再生されます。

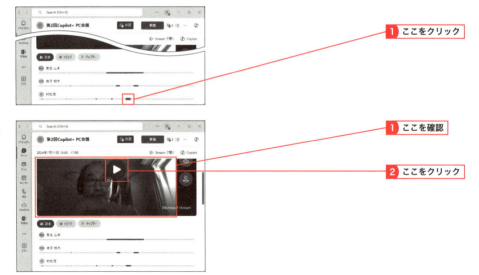

プロンプトの実例
〇〇の発言を抽出して （固有のデータ名や条件は各自で作成してみてください）

文字起こしから絞り込める

　Copilotウィンドウのテキストボックスに「〇〇の発言を抽出して」とプロンプトを送ると、文字起こしからその話者の部分だけがテキストに抜き出されます。ただこの場合、前後の発言がわからないので、発言時間の長い会議の方が使いやすいかもしれません。

話者の発言個所を頭出しする

　注目する話者の発言を調べるには、話者のタイムラインの発言個所をクリックすると、自動的にビデオがその個所にジャンプします。

① 話者の発言部分を抽出する

テキストボックスに「〇〇の発言を抽出して」とプロンプトを入力して、［送信］をクリックします。

1 ここに入力
2 ここをクリック

② 話者の発言部分だけが表示された

Copilotウィンドウに指定した話者の発言だけが、抜き出されて表示されました。

1 ここを確認

157

SECTION 7-8 途中参加するときにこれまでの会議を要約させる

Teamsチャット画面で会議の要約を開くと、出席していなくてもおおよそ流れはつかめるはずです。しかし途中から会議に参加するときもこの機能を使いたいです。Copilot in Teamsは会議の途中でもこれが可能です。

途中参加した会議の内容を要約する

　途中参加した会議はそれまでの流れがわからないので、内容がわかりにくかったり、発言の機会を逃したりします。しかしCopilot in Teamsがあれば、それまでの会議を要約してくれるので、理解がすぐに追いつきます。

　すべての会議に最初から最後まで付き合わなくても、会議の流れを把握できるのはとてもありがたい機能です。これまではだれかの手を借りなければこのような芸当は不可能でしたが、Copilot in Teamsの充実した会議の要約機能があれば、途中参加・途中退出でもフルの参加者とそん色ない知識を得られます。

　しかしこのような要約機能を見せられると、別の心配が頭をもたげます。つまり会議に出なくても内容がわかるなら出席しなくてもいいのでは……なんて思えるからです。だれもがそう思ってしまうと、出席者が減ってしまって会議が活気のないものになってしまう。そんなことを心配するくらい頼もしい機能です。

プロンプトの実例 (固有のデータ名や条件は各自で作成してみてください)
これまでの会議を要約する

これまでの会議を要約する

　Copilotウィンドウにプロンプト例[これまでの会議を要約する]と表示されたら、そのままクリックします。もし表示されなかったら、テキストボックスに同じように入力して、[送信]をクリックします。

① これまでの会議を要約する

[これまでの会議を要約する] というプロンプト例があればクリックします。もしかなったらテキストボックスに「これまでの会議を要約する」を入力して、[送信] をクリックします。

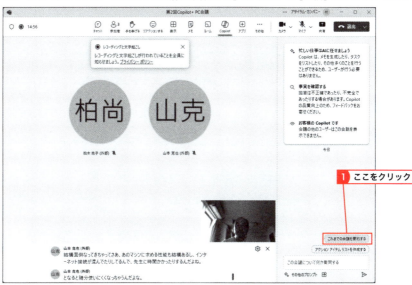

② これまでの会議の要約が表示された

Copilotウィンドウにこれまでの会議の要約が表示されました。

COLUMN

Teams会議画面のCopilotは文字起こしが必要

　Teamsチャット画面では特に問題はありませんが、Teams会議画面では文字起こしが有効になっていないと、Copilotが機能しません。文字起こしを有効にすると、必然的にレコーディングが有効になるので、この2点が必要不可欠になります。

　ところがTeamsの既定ではこの2点は無効になっています。そして一般のユーザーはこの設定を変更できません。変更するためにはWebページで「Microsoft Teams管理センター」ページを開く必要があります。このページにサインインできるのはMicrosoft 365管理者だけです。

　大企業であれば管理者がしっかり設定を見直してくれるでしょうが、個人事業主など1人または数人で使用している法人は、「Microsoft Teams管理センター」の［会議］→［会議ポリシー］を開き、ユーザー（既定では「グローバル」＝組織全体の規定値）に割り当てるポリシーを開いて変更します。

この2点のオプションがオンになっている必要がある

CHAPTER 8

OneNoteでCopilotを使いこなす活用ガイド

OneNote

SECTION 8-1 OneNoteの自動化はこうやる

OneNoteの最大の特徴はとにかく自由度が高いことです。そのため何をしていいかわからないユーザーから敬遠されます。Copilot in OneNoteで操作のヒントを与えてくれるので、自分なりの使い方が見つかるかもしれません。

何をプロンプトに入力すればいいのか？

　Copilot in OneNoteでは、Copilotウィンドウを開いてテキストボックスにプロンプトを入力すればいくつかヒントをもらえます。しかしこれではあまりに範囲が広いのでイメージしづらいでしょう。

　そこでCopilotウィンドウに表示される操作のヒントを見てみます。①作成する、②理解する、③編集する、④質問する──と4個のボタンが表示され、それぞれプロンプトの例文が添えられています。それでもイメージがつかめなかったら、[プロンプトの表示]ボタンをクリックして、項目を選択すると、さらに多くの例文が表示されます。

　例文には多くの架空の固有名詞が使われていて、少し混乱するかもしれませんが、意図するものに近いものが見つかると思います。OneNoteに慣れているユーザーであれば、このような操作は不要かもしれませんが、あまりなじみのないユーザーはいい機会なので触れてみてはいかがでしょうか。

　Word、Excel、PowerPoint、Outlookなど他のMicrosoft 365アプリに比べると作るべきドキュメントがぼんやりしていますが、使い込んでいくと自由度の高さが心地よさにつながってくるかもしれません。

操作のヒントに添えられたプロンプトの例文はとても参考になる

操作のヒントの例文をもっと見る

　Copilotウィンドウの下にある［プロンプトの表示］をクリックして、項目を選択すると、さらに多くのプロンプトの例文が表示されます。ここではさらに例文を表示する方法を紹介します。

① 例文をもっと見る

Copilotウィンドウに表示されている操作のヒントの例文を見るには［プロンプトの表示］をクリックして、［作成する］［理解する］［編集する］［質問する］から選択します。ここでは［作成する］をクリックします。

② ［作成する］の例文が表示された

ここでは選択した［作成する］の例文が多数表示されました。［その他のプロンプトを表示する］とさらに例文が表示されます。

OneNote

SECTION
8-2
Copilot in OneNoteの
プロンプトの基本

OneNoteは手書きテキストに対応し、画像、動画、音声、リンクなどを貼り付けられ多機能です。しかしなんでもありが災いして、どんなプロンプトを入力するか迷います。そこで操作のヒントに添えられたプロンプトの例文を参考にします。

例文にならって自由にプロンプトを入力

　OneNoteを開いても、既定では [Copilot] ボタンが見当たりません。OneNoteの既定では、[常にリボンを表示する] 設定になっていないためです。[Copilot] ボタンは [ホーム] タブを開くとリボンの右端に出現します。そして [Copilot] ボタンを押すと、Copilotウィンドウが開きます。

　Copilotウィンドウには、①作成する、②理解する、③編集する、④質問する——と4つの操作のヒントが表示されます。それぞれプロンプトの例文が添えられています。もしここでピンとくるものがなかったら、[プロンプトの表示] ボタンをクリックして、項目を選択すると、さらに多くの例文が表示されます。

　ここで近い例文が見つかれば、それをクリックするとテキストボックスに未完成のプロンプト例が入力されます。これを加筆・修正してプロンプトを完成させ実行します。

　もし求める例文が見つからなかったら、これにこだわらずプロンプト入力用テキストボックスにプロンプトを入力して、[送信] をクリックします。

[Copilot] を常に表示するには

　OneNoteの起動時に毎回、リボンに [Copilot] を表示させる操作を繰り返したくなければ、リボンの表示設定を変更しておきましょう。

164

① リボンの表示設定を変更する

[ホーム] をクリックしてリボンが表示された状態で、リボン右端の [v]（リボンの表示オプション）ボタンをクリックして、[常にリボンを表示する] をクリック

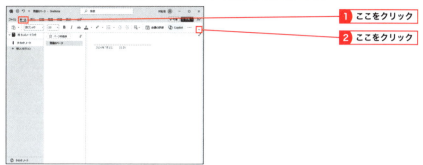

② 常にリボンを表示する設定にする

[常にリボンを表示する] をクリックします。これでOneNoteが開くと常に [Copilot] が表示されるようになりました。[Copilot] をクリックします。

③ [Copilot] をクリックするとウィンドウが開く

[Copilot] をクリックすると、Copilotウィンドウが開くようになります。

OneNote

SECTION 8-3 新しいメモを作成させる

OneNoteではすぐに結論を得ようとする前に材料をできるだけ集めたほうがいいでしょう。そこでCopilot in OneNoteに新しいメモを作成させます。いくつかメモを作成させたら、それを基にしてToDoリストを作成させたり、要約したりさせられます。

要求や質問をプロンプトとして入力する

　Copilot in OneNoteに何かやりたいことに向けて支援してもらうという使い方を試してみます。具体的には、パリ五輪取材の旅行計画の作成について手伝ってもらうことにしました。

　プロンプトを実行してみると、宿泊、交通、観光についてまとめてメモが生成されました。取材目的なのですが、どちらかというと旅行計画そのものに焦点があたっている印象です。しかし短いプロンプトでここまで生成されるとは思いませんでした。

　焦点が少し外れたと感じたら、別のプロンプトを入力して、いくつかメモを増やしていくといいでしょう。たとえば「日本人選手の活躍が望めそうな競技は何か？」とか「男女バレーボールの参加国と日程は？」など質問を投げていって、ユーザーがどんなことに興味を持っているのかを伝えたほうがいいでしょう。

　このようにクイックノートのメモを増やしていくと、後でまとめたり分析したりするのに役立ちます。肩ひじを張らずどんどんプロンプトを入力して、有用な生成文はコピーしてそのままクイックノートに貼り付けていけばいいと思います。

プロンプトの実例　（固有のデータ名や条件は各自で作成してみてください）

パリ五輪取材の旅行計画の策定を手伝って

旅行計画の策定を手伝ってもらう

　ここではパリ五輪取材の旅行計画の作成について手伝ってもらうことにします。

① プロンプトを入力する

Copilotウィンドウのプロンプト入力用テキストボックスに「パリ五輪取材の旅行計画の策定を手伝って」と入力し、[送信] をクリックします。

❶ ここに入力
❷ ここをクリック

② 表示された内容を確認してコピーする

Copilotウィンドウにプロンプトに対する提案が表示されました。内容を確認して [コピー] をクリックして、クリップボードにテキストをコピーします。

❶ ここを確認
❷ ここをクリック

③ 新しいメモとして貼り付ける

OneNoteのページを選んで、Ctrl + V キーを押します。新しいメモとしてページが追加され、先ほどコピーしたテキストが貼り付けられます。

❶ ここを確認
❷ ここを確認

OneNote

SECTION 8-4 ToDoリストを作成させる

何か目標ができたら、それを達成するためのToDoリストを作るのは効果的です。Copilot in OneNoteはこのToDoリストの作成を支援してくれます。新しいメモとして作成する方法もありますが、既存のメモから作成する方法も有効です。

目的達成にToDoリストの作成が有効

　Copilot in OneNoteではToDoリストを新しいメモとして生成することもできるし、既存のメモから生成することもできます。

　ここでは仮にパリ五輪の男女バレーボール取材旅行の実現するために出発までにすべきことを既存のメモからToDoリストにまとめてみました。ここでは既存のメモを参照して、取材旅行に出発する前にやるべきことをToDoリストにまとめてもらいました。

　すると、①宿泊予約の確認、②交通手段の計画、③観光計画の立案、④取材スケジュールの調整、⑤必要な情報の収集─という5つのポイントを押さえて、ToDoリストが作成されました。

　実用的にはこれだけでは不十分かもしれませんが、たたき台としては十分な内容が含まれています。何か目標を立てて、それに向かって具体的に動いてくには、やはりこのような文書で明示的にまとめるのが大切だとあらためて感じました。

プロンプトの実例　（固有のデータ名や条件は各自で作成してみてください）
では出発前にやるべきことのToDoリストを作って

ToDoリストの作成を依頼する

　パリ五輪取材旅行のためにいくつかメモを作成した後で、それまでにやるべきこと、つまりToDoリストを作成するように依頼してみます。

① ToDoリストを作成する

Copilotウィンドウのプロンプト入力用テキストボックスに「では出発前にやるべきことのToDoリストを作って」と入力し、[送信] をクリックします。

1 ここに入力
2 ここをクリック

② ToDoリストが生成された

Copilotウィンドウに生成されたToDoリストが表示されました。内容を確認して[コピー] をクリックしてテキストをクリップボードにコピーします。

1 ここを確認
2 ここをクリック

③ 新しいメモして貼り付ける

OneNoteのページを選んで、[Ctrl] + [V] キーを押します。ページが追加され、先ほどコピーしたテキストが貼り付けられます。

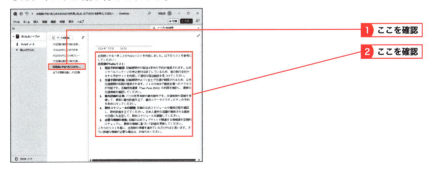

1 ここを確認
2 ここを確認

SECTION 8-5 選択した文書を書き換えさせる

本来、文書の書き換えなどCopilot in Wordのような機能ですが、これが意外とうまくいきませんでした。ところが同じプロンプトをCopilot in OneNoteで試してみると、思いのほか簡単にこたえてくれました。

編集機能の使い道

　文書に対する編集機能は本来、Wordの持ち味です。しかし文書の書き換えについて試してみると、2024年6月末の時点ではCopilot in OneNoteの方がスムースにプロンプトにこたえてくれました。同じCopilotなのにこの違いは謎ですが、OneNoteの自由度の高さが影響しているのでしょうか。

　ここでは「走れメロス」という文学作品をカジュアルに書き換えてみました。プロンプトの書き方にもよりますが、文体の違いだけで一味違ったものになりました。意外と使い道があるかもしれません。

プロンプトの実例 （固有のデータ名や条件は各自で作成してみてください）

選択したテキストを カジュアルに書き換えて

COLUMN

仕様変更で微妙な変化

　単独アプリ化でCopilotのタスクバーの既定の位置が変更になりました。従来は通知領域の右端に配置されていましたが、クイック起動の左端にピン留めされるようになりました。

　タスクバーの順番でアプリを起動するショートカット■＋数字キーでタスクバーのアプリを起動できますが、Copilotの移動でクイック起動のすべてアプリの順番が+1となります。

　タスクバーのアプリ順は変更できるので、カスタマイズすれば問題ありませんが、並べ替えをさぼっていると、エクスプローラーを起動させるつもりで、Copilotが立ち上がったりします。

▲Copilotはタスクバーの通知領域右端からクイック起動左端へ

選択した文書を書き換える

① 範囲を選択して編集する

最初に書き換えてほしいテキストの範囲をドラッグして選択します。次に［編集する］をクリックします。自動的にプロンプト入力用テキストボックスに「選択したテキストを」と入力されるので、続けて「カジュアルに書き換えて」と入力します。そして［送信］をクリックしました。

② 書き換えられたテキストを確認する

Copilotウィンドウに書き換えたテキストが表示されます。確認して［コピー］をクリックしテキストをクリップボードにコピーします。

③ 新しいメモとして貼り付ける

OneNoteのページを選んで、[Ctrl]+[V]キーを押します。新しいメモとしてページが追加され、先ほどコピーしたテキストが貼り付けられます。

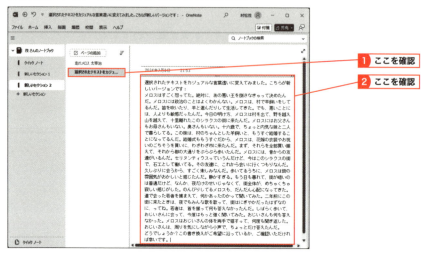

1 ここを確認
2 ここを確認

COLUMN

いつの間にか無料になったOneNote

OneNoteは現在、Windowsをはじめ Mac、iPhone、iPad、Androidデバイスなど、さまざまなデバイスで使用できる無料アプリです。Microsoft 365サブスクリプションでサインインすると、以下の追加のプレミアム機能を利用できます。

Ink Replay：手書きのメモや図を再生して、どのように作成されたかを確認できます。
Researcher：研究やレポート作成のために、信頼できる情報源から情報を簡単に検索して引用できます。
Math Assistant：数式を解いたり、ステップバイステップの解法を表示したりできます。

いずれも特殊な用途なので、普通に使用する分には無料版で十分と思います。ただしCopilot in OneNoteは当然ながら、Microsoft 365ライセンスを必要とするので、必然的にこれらのプレミアム機能が有効な状態となります。

▲曲折をたどって無料となったOneNote

CHAPTER 9

[Copilot for Microsoft 365 の未来はこうなる]

Microsoft 365

SECTION 9-1 Microsoft 365アプリ間の連携

Copilot for Microsoft 365はそれぞれのMicrosoft 365アプリにCopilot in ~という形で内蔵されます。しかしこれらの統合するフロントエンドアプリはありません。現状ではTeamsのCopilotとのチャット画面がそれに一番近い存在です。

職場のCopilot

　新しいTeamsはチャット画面と会議画面と2種類の顔があります。このうちCopilotとのチャット画面はアプリ横断的な顔を持っています。Teamsのチャット画面と呼ぶとピンときませんが、実はこの画面は次のSECTIONで説明するWeb上のCopilot for Microsoft 365＜職場＞ページとほぼ同じものです。そこでここでは仮に「職場のCopilot」を呼ぶことにします。

　職場のCopilotでは直接、Word文書やPowerPointプレゼンテーションなどのファイルを参照して要約させられます。つまり既定のアプリであるWord、PowerPointを開かなくても、同じ機能を果たしてくれます。

　職場のCopilotのアプリ横断的な機能は現状では限られていて、Copilot in WordでWord文書、PowerPointプレゼンテーションを参照できたり、Copilot in PowerPointでWord文書を参照できたりと限定的です。

◀ TeamsのCopilotとのチャット画面

職場のCopilotをTeamsから独立される？

　ところが職場のCopilotではこのあたりの制約が緩いようで、ある程度のことは既定のアプリを開かなくても、目的が果たせてしまうのです。Copilotのチャットボットとしての機能からTeamsのチャット画面に割り当てられたのかもしれませんが、一アプリの中に押し込むのはもったいない気もします。

　みなさんは「Microsoft 365（Office）」アプリの画面を見たことがありますか？　これはオンラインのMicrosoft 365アプリを利用するときのフロントエンドで、デスクトップアプリしか使用しないユーザーはあまり目にしないでしょう。またこれまでMicrosoft 365アプリ間の連携機能は限定的なため、アプリ横断的なフロントエンドも必要ありませんでした。

　しかしCopilot for Microsoft 365ではアプリ横断的な利用がこれから広がっていくでしょう。そうなると本当の意味でフロントエンドアプリが必要になります。職場のCopilotがTeamsのチャット画面からフロントエンドアプリとして独立すれば、アプリ間の連携の操作もイメージしやすくなると思います。

▲ Microsoft 365（Office）アプリの画面

SECTION 9-2 WindowsやEdgeとの連携

無料版はWebブラウザーで開くCopilot、そしてWindows 11のCopilot in Windowsなど、そして有料版は個人向けCopilot Proや法人向けCopilot for Microsoft 365などが共存しています。これらの関係は今後どうなるのでしょう。

Windows 11へのCopilot統合が後退

　これまでCopilotとWindowsの統合に突き進んできたマイクロソフトですが、ここにきて少し異なる情報が入ってきました。それはWindows 11へのCopilot統合を解除という噂です。

　「2024年6月末に公開されたWindows 11 23H2向けアップデートのKB5039302アップデートにて、Windows 11へのCopilot統合が解除され、単なるアプリとして動作するようになる」(GAZLOG 2024年6月30日付け「MicrosoftがWindows 11へのCopilot統合を取りやめ。相当不評だった？」より)

　具体的には、Copilot in Windowsで可能だったCopilot経由でのWindowsの設定変更などができなくなり、Webブラウザーで開くCopilotと何ら変わりがなくなることを意味します。これは「Copilotカンパニー」を自称して、CopilotをWindowsと同等かそれ以上に前面に押し出してきたマイクロソフトの揺り戻しとも思える現象です。

◀Copilotとの統合一部解除でこのような設定変更ができなくなる？

それでも生成AIは止まらない

　それでもChatGPT、Copilotなど多士済々の生成AIがこれからさらに勢いを増すのは目に見えていて、多少の揺り戻しはあっても大筋での方向性は変わらないという見方が一般的です。

　これまでCopilot for Microsoft 365を組み込んだMicrosoft 365アプリについて解説してきました。しかしCopilot for Microsoft 365の導入で、Microsoft 365アプリ以外の部分にも変化が見られます。

　最もわかりやすいのが、Edgeで「Microsoft Copilot：日常のAIアシスタント」ページを開くとわかります。ここには［職場］［Web］というトグルボタンが用意されていて、［職場］を選択すると、Copilot for Microsoft 365＜職場＞、［Web］を選択すると通常のCopilotに切り替わるという仕組みです。これはTeamsのCopilotとのチャット画面と同じで、ここでも職場のCopilotと呼びます。

　職場のCopilotでは、先週のメールで注目すべきものをチェックしたり、特定の人物との次の会議を調べたり、あるいは会議を設定したりが可能です。つまりMicrosoft 365アプリを横断的な操作がいくつか可能になっています。TeamsのCopilotとのチャットと同様このページはCopilot for Microsoft 365のフロントエンドの役割を果たしています。

◀ Web上のCopilot for Microsoft 365＜職場＞ページ

177

Micorsoft 365

SECTION
9-3
自動化で見えてくる
ビジネスの進め方

Webブラウザーで簡単にさまざまなニュース情報が読めるのは便利です。しかしその中には間違い、あるいは意図した方向への歪曲があふれているのはご存じのとおりです。そして生成AIにもこれとよく似た側面があります。

生成物の校正・校閲の今後

ChatGPTの登場以来、生成AIのすさまじさばかりに目を奪われますが、生成物にはほぼ間違いが含まれています。CopilotについてもGPT-4やWeb上のデータばかりではなく、法人内のMicrosoft Graphデータを統合的に拾い上げているとはいえ、少し試しただけでやはりいくつかの間違いは簡単に見つかります。

つまり生成物をどう料理するのかは人にかかってきます。ここでは単純な誤字脱字を訂正する校正の能力はもちろん、文書の解釈を含めた校閲の能力が必要となります。

実はこのような需要にこたえる有料サービスがすでにあります。それは朝日新聞の「Typoless」というAIを利用した校正支援サービスです。新聞社は校閲記者を抱えていて、その蓄積されたノウハウを生かして校正サービスを商品化したのでしょう。Wordアドインも製品化されているので、Copilot in Wordで生成した文書をTypolessで使って校正・校閲する方法も考えられます。

このようなAI校正サービスを利用すれば、誤字・脱字や文法上の間違いはほぼなくなるでしょう。だとしても最終的にはやはり人のチェックが皆無になることはありません。文書として完ぺきでも伝える意味が間違っていることは十分に考えられるからです。

さらに情報量は増えていく

生成AIの登場によって、簡単に生成物が大量に作られるようになったので、数打てば当たる的な使い方をすれば膨大な生成物に飲み込まれそうになるかもしれません。そうなると、生成物の中でよりよいものを効率的に見つける能力も試されるでしょう。

もちろんこれらの選別にもある程度、Copilot for Microsoft 365は役立つと思います。文書を要約する能力はCopilot in Word／PowerPoint／Outlook／OneNote／Teamsなどに搭載されています。これを利用すれば、大量の文書でも要点を見つけやすくなるでしょう。

9 Copilot for Microsoft 365 の未来はこうなる

◀ Copilotでは文字だけでなく、画像も生成できる

◀ 朝日新聞社の校正支援サービス「Typoless」

9　Copilot for Microsoft 365の未来はこうなる

179

Micorsoft 365

SECTION 9-4 ヒューマンエラーが激減する可能性

IMEの日本語変換がいまのように賢くなかったころ、誤変換をおもしろがってわざとそのまま使うのが流行った時期がありました。多くのIMEが同じ誤変換をしていたのです。それがいまでは先読みが当たり前の時代になりました。

先読みが当たり前の時代

　スマートフォン用OSに搭載されている先読み入力はいまでは当たり前の機能のようになりました。「よろ」と入力しただけで、「よろしくお願いします。」「よろしくお願いいたします。」が変換候補の選択肢として表示されます。これはもちろん便利ですし、時間の短縮になります。

　大ざっぱにいって使用時間の9割以上はこの便利な機能を享受しているはずです。しかし時には思わぬ落とし穴が待っています。筆者のようにコンピューター系の記事を書く記者はよく「内蔵」という単語を使います。「内蔵HDD」「内蔵SSD」「Wi-Fi／Bluetooth内蔵」などとにかく多出します。ところが一般社会では「ないぞう」は臓器を意味する「内臓」の方を圧倒的によく使います。

　そこでよく記事の中で「内臓HDD」のような誤字を発見します。AIが進化していくと、前後の意味などからこのような誤字は減ってくるかもしれません。しかし「過疎化現象」「過疎化減少」など文脈を詳しく見ていかないと判断できない単語もあります。

▲先読み変換は著しく進化した

◀このような誤字がWebにはあふれている

手書きより見つけにくい

　ワードプロセッサーが世に出始めたころに、手書きの方が誤字を見つけやすいといわれました。整ったフォントで見せられると印刷物のようで、「印刷物は校正されていて間違いは少ない」という概念が邪魔をして、間違いを見つけにくくなるというものです。

　これは生成AIの生成物にもいえることで、もっともらしく見栄えのいいものになるとエラーが見つけにくくなるという心配です。つまり生成AIによってヒューマンエラーは減るが、数少ないエラーは見つけにくくなるというのが筆者の見方です。

　コンピューターは柔軟に変化してきました。しかしできないこともたくさんあります。たとえば手書きであれば実在しない漢字を簡単に作り出します。点が一つ足りない、棒が1本多いなど――人でなければできない間違えがあります。コンピューターにはこれがありません。逆に多少の字の間違いくらいOCRで「この字でしょ」といわんばかりに正してくれます。

　生成AIも同じです。たとえ雑な問いかけに対しても、その意味を類推し、理解して、答えを出してくれます。それに慣れてしまうと、正確な意味を伝える能力が損なわれていく可能性もあります。

Micorsoft 365

SECTION
9-5　コンピューターの使い方も変わる

生成AIの登場によってコンピューターの使い方は大きく変わる可能性があります。Copilot+ PCはその象徴ですが、オフラインでも生成AIが利用できるか否かが、これからのPCの使い方に大きな変化をもたらす可能性があります。

オンラインとオフラインの行き来

　コンピューターはその昔、ネットワーク接続されていました。ダム端末と呼ばれ、ホストコンピューターに接続して使うただの端末でした。端末とは単なる入力／出力の道具なので、現在のPCのような処理能力はなく、CPU、メモリ、ローカルストレージもありませんでした。つまり意外にもコンピューターの黎明期はオンラインで使用されていました。

　そしてPCつまりパーソナルコンピューターの登場です。こちらは最初、ネットワーク接続なしのスタンドアローンです。つまり完全にオフラインで使用していました。

　ところがパソコン通信と呼ばれる電子掲示板の登場によりアナログ電話回線でダイヤルアップ接続されるようになります。これがデジタル電話回線（ISDN）となり、そしてインターネットの登場でADSL、光ファイバーによる常時接続へと進化していきます。さらにスマートフォンやタブレットの登場もあり、コンピューターはオンライン全盛になりました。

　ところが生成AIが登場してちょっと状況に変化が見られます。ChatGPTやCopilotというメジャーの生成AIがGPT-4という同じLLM（大規模言語モデル）を使用しているからです。これまでとは比べ物にならない一極集中でアクセスが厳しくなり、生成に時間がかかる場面が増えてきています。

Copilot + PCの登場で揺れる

　Copilot+ PCはこれに対する一つの答えです。NPUと呼ばれるAI処理部分をPCの内部に置くことで、生成時間の短縮に貢献し、一部はオフラインでも利用できる環境を提供します。つまりオンラインの混雑で一部をオフラインに逃がそうという試みです。

　オンラインとオフラインの行き来は他にも見られます。たとえばデータバックアップです。最初はローカルつまりオフラインでのバックアップが主流でした。しかしOneDrive、Googleドライブなど大容量で高速なクラウドストレージの出現でオンラインバックアップに傾きます。ところが今度はセキュリティ上の理由からオフラインバッ

9

Copilot for Microsoft 365 の未来はこうなる

クアップに回帰します。

　このような事例から誕生間もない生成AIについてもオンラインとオフラインのせめぎあいはしばらく落ち着かないかもしれません。

　Copilotは確かに優秀な生成AIのひとつですが、すべてのユーザーが常に必要としているものではありません。そのためCopilotを有効にすると性能の低下を招くのであれば、不要と考える、あるいは必要な時だけ有効になってほしいと思うユーザーは多いでしょう。Windows 11とCopilotの融合も一部解除される動きもあるので、今後の動向を注視したいと思います。

◀マイクロソフトのCopilot ＋ PC「Surface Pro 11th Edition」

◀レノボのCopilot ＋ PC「Yoga Slim 7x Gen 9」

DOCUMENT

資料 プロンプト一覧

本書で掲載しているプロンプトの一覧です。正確なプロンプトを覚えるための、参考にしてください。また、固有名詞を入れ替えるだけで、プロンプトとして使えるようになっています。

資料 プロンプト一覧

プロンプト例文	掲載ページ
プロンプトの実例 例を試す（ボタン）	▶▶▶ 48ページ
プロンプトの実例 数式列の候補を表示する	▶▶▶ 54ページ
プロンプトの実例 集計行を追加して	▶▶▶ 56ページ
プロンプトの実例 記憶域を最優先、メモリを第2優先にして大きい順に並べ替えて	▶▶▶ 58ページ
プロンプトの実例 CPUにPlusを含む製品に絞り込んで	▶▶▶ 60ページ
プロンプトの実例 記憶域列の最大値を強調表示して	▶▶▶ 62ページ
プロンプトの実例 データの分析情報を表示する	▶▶▶ 64ページ
プロンプトの実例 すべての分析情報をグリッドに追加する	▶▶▶ 65ページ
プロンプトの実例 Copilot+ PCの概要について書いて	▶▶▶ 76ページ

184

プロンプトの実例 ▶▶▶ 78ページ
このドキュメントを要約する

プロンプトの実例 ▶▶▶ 81ページ
相対性理論について次のようなアウトラインで説明用の文書を作成して……

プロンプトの実例 ▶▶▶ 82ページ
ファイルの参照、続けて文字列を入力

プロンプトの実例 ▶▶▶ 84ページ
この文書を1000字に要約して

プロンプトの実例 ▶▶▶ 86ページ
この表を個条書きに要約して

プロンプトの実例 ▶▶▶ 88ページ
この個条書きを表にまとめて

プロンプトの実例 ▶▶▶ 90ページ
同期会の開催を告知するあいさつ文を作成して……

プロンプトの実例 ▶▶▶ 92ページ
NPUとは何ですか？

プロンプトの実例 ▶▶▶ 94ページ
この文書の専門用語を指摘して

プロンプトの実例 ▶▶▶ 96ページ
もっとカジュアルな文書にして、日時、場所、連絡先は目立つように個条書きに

プロンプトの実例 ▶▶▶ 98ページ
この文書に必要な図版を提案して

プロンプトの実例 ▶▶▶ 100ページ
稟議書を作成して

プロンプトの実例 ▶▶▶ 110ページ
以下についてプレゼンテーションを作成する

資料

プロンプト一覧

185

プロンプトの実例 ▶▶▶ 112ページ
ファイルからプレゼンテーションを作成する

プロンプトの実例 ▶▶▶ 114ページ
プレゼンテーションを整理する

プロンプトの実例 ▶▶▶ 116ページ
PCの画像を追加する

プロンプトの実例 ▶▶▶ 118ページ
議題スライドを追加する

プロンプトの実例 ▶▶▶ 120ページ
このプレゼンテーションを要約する

プロンプトの実例 ▶▶▶ 122ページ
Copilot＋PCはどのOSに対応していますか？

プロンプトの実例 ▶▶▶ 128ページ
Copilotによる要約

プロンプトの実例 ▶▶▶ 129ページ
Copilotを使って下書き

プロンプトの実例 ▶▶▶ 129ページ
Copilotによるコーチング

プロンプトの実例 ▶▶▶ 132ページ
弊社アサイラム・カンパニーの創立15周年記念パーティの案内

プロンプトの実例 ▶▶▶ 134ページ
長くする/短くする

プロンプトの実例 ▶▶▶ 134ページ
よりフォーマルな表現にする/よりダイレクトな表現にする/よりカジュアルな表現にする

プロンプトの実例 ▶▶▶ 134ページ
詩的にする

プロンプトの実例	▶▶▶ 136ページ
Copilotによる要約	

プロンプトの実例	▶▶▶ 138ページ
✐	

プロンプトの実例	▶▶▶ 146ページ
先週のメールで注目すべきものはどれですか？	

プロンプトの実例	▶▶▶ 148ページ
カレンダー情報を取得する	

プロンプトの実例	▶▶▶ 150ページ
要約の表示	

プロンプトの実例	▶▶▶ 154ページ
以下のフォーマットで議事録を作成してください……	

プロンプトの実例	▶▶▶ 157ページ
○○の発言を抽出して	

プロンプトの実例	▶▶▶ 158ページ
これまでの会議を要約する	

プロンプトの実例	▶▶▶ 166ページ
パリ五輪取材の旅行計画の策定を手伝って	

プロンプトの実例	▶▶▶ 168ページ
では出発前にやるべきことのToDoリストを作って	

プロンプトの実例	▶▶▶ 170ページ
選択したテキストを カジュアルに書き換えて	

資料 プロンプト一覧

INDEX

記号

☑キー ･････････････････････････ 138

英字

AI校閲 ･･････････････････････････ 178
AI校正 ･･････････････････････････ 178
AIメモ ･･････････････････････････ 152
ChatGPT ･･････････････････････････ 20
ChatGPT-4Pro ･････････････････････ 20
Coipilo in Excel ･･････････････････ 46
Coipiloウィンドウ ･･････････････････ 56
Copilot ･････････････････････････ 17
Copilot for Microsoft 365 ･････････ 18
Copilot for Microsoft 365画面 ･･････ 36
Copilot for Microsoft 365立ち上げ ･･ 34
Copilot in OneNote ･･････････････ 162
Copilot in Outlook ･･････････････ 126
Copilot in PowerPoint ･････ 27、104
Copilot in Teams ･･･････････････ 142
Copilot in Windows ･････････････ 176
Copilot in Word ･･････････ 26、68
Copilot pro ･････････････････････ 29
Copilot+PC ･････････････････････ 182
Copilotアイコン ･････････････････ 35
Copilotウィンドウ ･･･････ 17、36、45
Copilot機能 ･････････････････････ 34
Copilot常に表示 ････････････････ 164
Copilotで下書き ･････････････････ 37
Copilotで要約 ･･･････････････････ 37
Copilotボタン ･････････････ 16、34
Copilot有効ライセンス ･･･････････ 34
Copilotライセンス ･･･････････････ 32
Copilotを使って下書き ･････ 77、91
Edge ･･････････････････････ 74、176
Excel ･･･････････････････････････ 19
Excel自動化 ･････････････････････ 44
LLM ･･････････････････ 17、20、70
Microsoft 365 ･･････････････････ 16
Microsoft 365アプリ ･･･････････ 16
Microsoft Graph ･･･････････････ 21
OCR ･･･････････････････････････ 75
OneDrive ･･･････････････････････ 46
OneDriveフォルダー ･････････････ 82
OneNote ･･････････････････ 75、162
Outlook ･･･････････････････････ 19
Outlookライセンス ･･････････････ 35
PDF ･･･････････････････････････ 73
PowerPoint ･･････････････ 19、104

Teams ･･･････････････････････････ 19
Teams会議画面 ･･･････････････････ 143
Teamsチャット画面 ･･･････････････ 28
Teansチャット ･･･････････････････ 142
ToDoリスト ･･････････････････････ 168
ToDoリスト作成 ･･････････････････ 169
Windows11 ･･･････････････････････ 176
Word ･･･････････････････････････ 18
Wordで開く ･･･････････････････････ 109
Wordに送る ･･･････････････････････ 109
Wordに貼り付け ･･･････････ 75、155
Word文書から作成 ･･････････････ 112
Word文書参照 ･･･････････････････ 112
Word文書選択 ･･･････････････････ 113
Word文書に変換 ･･･････････････ 108

ア行

アーキテクチャー ･････････････････ 21
アウトライン ･･･････････ 24、80
アウトライン追加 ･････････････････ 80
アウトライン保持 ･････････････････ 81
アクティブユーザー ･･･････････････ 39
新しいプレゼンテーション ･･･････ 107
新しいメモ ･･･････････････････････ 167
アプリ機能 ･･･････････････････････ 22
アプリ連携 ･･･････････････････････ 174
意味を質問 ･･･････････････････････ 93
インターネット環境 ･･････････････ 40
オープンAI ･･･････････････････････ 21

カ行

会議開始 ･･･････････････････････ 144
会議の日程 ･･････････････････････ 149
会議の要約 ･･･････ 150、151、156
会議予定 ･････････････････････････ 148
回答の内容 ･･･････････････････････ 95
箇条書き ･････････････････････････ 133
箇条書きコピー ･･･････････････････ 87
箇条書き貼り付け ･････････････････ 87
箇条書き表変換 ･･･････････････････ 88
画像追加 ･････････････････････････ 116
カレンダーの情報 ･････････････････ 148
カレンダーの予定 ･････････････････ 148
キーワード ･･･････････････ 25、76
キーワード生成 ･･･････････････････ 104
キーワード追加 ･･･････････････････ 111
キーワード入力 ･･･････････････････ 77
議事録 ･･･････････････････････････ 154

既存ファイル	68
既存ファイルから生成	105
議題スライド	119
強調する列見出し	63
キワードで作成	110
クイックノート	166
クイック分析	53
グラフ	64
ゲートウェイ	142
言葉の意味	92
コマンド	22
コマンド実行	23
コマンドプロンプト	70
コメント抽出	156
コンテキストメニュー	72

サ行

サインインアカウント	39
作成する例文	163
サブスクリプション	38
自然言語	70
下書き	68
下書き生成	83、126、133
下書き微調整	96
下書き保持	97、135
下書き保存	77
質問形式のプロンプト	123
質問する	123
質問の回答	93
自動化	104
自動的に画像挿入	116
自動保存	46
自動保存有効	47
集計行追加	56
集計方法選択	57
受信メール要約	136
条件絞り込み	60
書式設定	52
新規文書	76
新規メモ作成	166
数式列	54
数式列挿入	55
数式列の候補	54
図版の提案	98
スレッドの要約	126
生成された表	89
生成ボタン	82、83
整理	114
設定	130
選択文書置き換え	170
専門用語	94
専門用語指摘	94
操作結果	45
操作のヒント	36、41、144
送信ボタン	44

タ行

第2優先	59
大規模言語モデル	20
対象ファイル	72
タスク追跡	146
チャット	150
チャット会議	151
チャプター	153
抽出されたメール	147
追加のプロンプト	97
提案コピー	99
定型出力	154
データ行絞り込み	60
データ強調	62
データ並び替え	58
データ分析表示	65
データ変更	72
テーブル書式設定	53
テーブル選択	53
テーブルへの変換	48、52
テーブル名挿入	49
テーブル例を試す	49
テキストデータコピー	74
テキストボックス	36、97
添付ファイル	139
テンプレート	24、100
ドキュメント下書き	23
ドキュメント下書き要約	78
特定の文書	90
途中参加	158
途中までの会議要約	158
トピック	152
トランスクリプト	153

ハ行

配布資料	108
発言箇所	157
範囲選択	171
比較対象の列	58
ビジネス文書	100
ビジネスメリット	24
必要項目	91
必要な図版	98
必要なデータ行	61
ピボットテーブル	64
ヒューマンエラー	180
表のセル範囲	52
表の要約	86
表を箇条書き	86
表を張り付け	89
開くアプリ選択	73
ヒント生成	145
ファイル検索	83
ファイル参照	82、138

189

ファイル内容要約	28
ファイル名入力	47
フィル参照	41
フォーマット指定	155
複数文書要約	82
二つの見出し	64
プライマリ	131
プライマリアカウント	130
プレゼン下書き	26
プレゼンテーション再構成	114
プレゼンテーション整理	115
プレゼンテーションの内容	122
プレゼンテーション要約機能	120
プロンプト	21
プロンプト入力	99、164
プロンプト入力用	36
プロンプトの基礎	41
プロンプトの基本	50、106、128
プロンプト例	36、41、71、106、114
プロンプロの解釈	63
文書トーンの調整	135
文書変換	73
文書要約	78
分析情報表示	51
分析情報表示挿入	65
文中の言葉	92
編集機能	170
法人アカウント	38
法人向け Microsoft 365	29
保持ボタン	96
保存場所選択	47

マ行

メールアカウント管理	130
メール検索	147
メールスレッド要約	137
メールのコーチング	129
メールの下書き	128、132
メール文書微調整	134
メモとして貼り付け	172
目次追加	118
目的のユーザー	149
文字起こし	157
文字数指定	84
文字数指定要約	84
元に戻すボタン	45

ヤ行

ユーザー選択	33
優先順位	58
用語抽出	94
要素	90
要素を加えて文書作成	90
要点	78

要約	145
要約機能	68
要約テキスト	79、121
要約の表示	150
要約貼り付け	85
予約をコピー	85

ラ・ワ行

ライセンス	29
ライセンスアカウントメール	126
ライセンス購入	33
ライセンスの割り当て	32、39
リボンの表示設定	165
料金比較	30
稟議書生成	101
例文	163
例を試す	48
レコーディング	150
列見出し指定	62
話者	152
話者の発言	157

■著者略歴

村松 茂（むらまつ　しげる）

海外旅行業界誌の編集記者としてキャリア
をスタート。後にコンピューター系出版社に
移籍して、企業系コンピューターネットワー
ク雑誌、PC 組み立て雑誌、オーディオビジュ
アル雑誌の編集を担当する。現在はフリーラ
ンス編集記者として、コンピューター、ネッ
トワークを中心に執筆活動している。

■デザイン＆ DTP

金子　中

Copilot for Microsoft 365
超活用ブック

発行日	2024年 9月 5日	第1版第1刷

著 者　村松　茂

発行者　斉藤　和邦

発行所　株式会社 秀和システム
〒135-0016
東京都江東区東陽2-4-2　新宮ビル2F
Tel 03-6264-3105（販売）Fax 03-6264-3094

印刷所　三松堂印刷株式会社　　　Printed in Japan

ISBN978-4-7980-7046-9 C3055

定価はカバーに表示してあります。
乱丁本・落丁本はお取りかえいたします。
本書に関するご質問については、ご質問の内容と住所、氏名、電話番号を明記のうえ、当社編集部宛FAXまたは書面にてお送りください。お電話によるご質問は受け付けておりませんのであらかじめご了承ください。

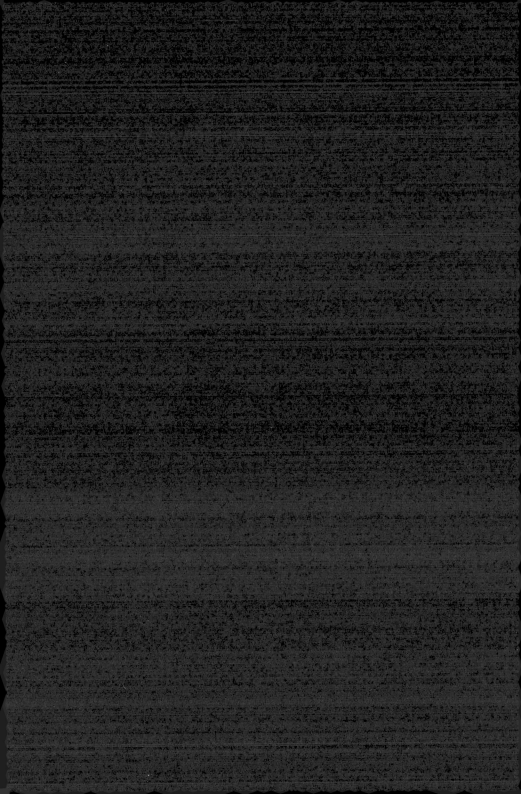